E. F. Schumacher

Rat für die Ratlosen

Vom sinnerfüllten
Leben

Deutsch von Karl A. Klewer
und Robert A. Russell

Rowohlt

Die Originalausgabe erschien 1977
bei Jonathan Cape Ltd., London, unter dem Titel
«A Guide for the Perplexed»
Umschlagentwurf Werner Rebhuhn

1. Auflage März 1979

Gesamtherstellung Clausen & Bosse, Leck
Printed in Germany
ISBN 3 498 06130 5

Nulla est homini
causa philosophandi,
nisi ut beatus sit.

Nichts anderes treibt den Menschen
zum Philosophieren als das Verlangen
nach Glückseligkeit
(Augustinus,
Die Gottesbürgerschaft)

Inhalt

I
Der Aufbau des Lebens

«Meine ganze Schul- und Universitätszeit hindurch hatte man mir Karten vom Leben und vom Wissen gegeben, auf denen nicht die kleinste Spur von den Dingen zu sehen war, die mir am meisten bedeuteten und mir von größter Wichtigkeit für mein weiteres Leben zu sein schienen.»

Die Philosophen als Kartographen

I

Bei einem Besuch Leningrads vor einigen Jahren[1] versuchte ich, mich auf dem Stadtplan zurechtzufinden, es gelang mir nicht. Zwar hatte ich einige große Kirchen gesehen, doch keine Spur von ihnen auf dem Stadtplan. Schließlich kam mir ein Dolmetscher zu Hilfe und sagte: «Wir verzeichnen auf unseren Plänen keine Kirchen.» Ich widersprach ihm und wies auf eine, die deutlich gekennzeichnet war. «Das ist ein Museum», sagte er, «keine ‹richtige Kirche›. Nur ‹richtige Kirchen› zeigen wir nicht.»

Da ging mir auf, daß ich hier nicht zum erstenmal eine Karte in Händen hielt, die vieles von dem, was ich unmittelbar vor mir sehen konnte, nicht zeigte. Meine ganze Schul- und Universitätszeit hindurch hatte man mir Karten vom Leben und vom Wissen gegeben, auf denen nicht die kleinste Spur von den Dingen zu sehen war, die mir am meisten bedeuteten und mir von größter Wichtigkeit für mein weiteres Leben zu sein schienen. Ich erinnere mich, daß ich jahrelang völlig ratlos war, und kein Dolmetscher kam mir zu Hilfe. Diese Ratlosigkeit dauerte an, bis ich nicht mehr an der Vernunft meiner Wahrnehmungen zweifelte, sondern die Richtigkeit der Karten in Frage stellte.

Aus den Karten, die man mir gegeben hatte, erfuhr ich, daß praktisch alle meine Vorfahren ziemlich rührende Schwärmer und Träumer gewesen seien, die ihr Leben auf der Grundlage irrationaler Glaubensvorstellungen und absurden Aberglaubens geführt hätten. Selbst berühmte Naturwissenschaftler wie Johannes Kepler oder Isaac Newton hatten offenbar den größten Teil ihrer Zeit und Energie mit unsinnigen Untersuchungen nicht-existierender Gegenstände zugebracht. Die ganze Geschichte hindurch hatte man ungeheure Mengen schwerverdienten Reichtums zur Ehre und zum Ruhm imaginärer Gottheiten verschwendet – und zwar nicht nur meine europäischen Vorfahren, sondern alle Völker in allen Erdteilen und zu allen Zeiten. Überall unterwarfen sich Tausende scheinbar gesunder Männer und Frauen äußerst sinnlosen Einschränkungen, wie beispielsweise freiwilligem Fasten; sie peinigten sich durch Ehelosigkeit, vergeudeten ihre Zeit mit Pilgerfahrten, geradezu unglaublichen Ritualen, ständig wiederholtem Gebet und so weiter. Sie kehrten der Wirklichkeit den Rücken – einige tun das noch heute, in unserem aufgeklärten Zeitalter! – und das für nichts und wieder nichts, aus bloßer Unwissenheit und Dummheit. Nichts davon wird heute ernstgenommen, es sei denn in Form von Museumsstücken. Aus was für einer Geschichte des Irrtums sind wir hervorgegangen! Was für eine Geschichte war das, in der man Dinge als wirklich ansah, von denen jedes Kind der Moderne wußte, daß es sie ausschließlich in der Einbildung und Vorstellungskraft gab! Unsere gesamte Vergangenheit, außer der ganz unmittelbaren, taugte nur noch fürs Museum, in dem die Menschen ihre auf die Wunderlichkeit und Unfähigkeit früherer Generationen bezogene Neugier befriedigen konnten. Auch die Schriften unserer Vorfahren hatten kaum einen anderen Nutzen, als sie in Bibliotheken aufzubewahren, wo Historiker und andere Spezialisten diese Hinterlassenschaft studieren und Bücher darüber schreiben konnten. Die Vergangenheit zu kennen wurde als interessant und gelegentlich aufregend angesehen. Man maß ihr aber nicht so viel Wert bei, daß man glaubte, mit ihrer Hilfe die Aufgaben der Gegenwart meistern zu können.

All das und vielerlei anderes, Ähnliches, brachte man mir in Schule und Universität bei, wenn auch nicht offen und klar ausgesprochen. Man konnte die Dinge nicht beim Namen nennen – Vorfahren waren mit Ehrerbietung zu behandeln, denn sie konnten nichts für ihre Rückständigkeit. Sie gaben sich große Mühe und kamen der Wahrheit bisweilen durch Zufall auch recht nahe. Ihr Vertieftsein in die Religion war eines von vielen Zeichen dafür, wie unterentwickelt sie waren, was bei unmündigen Menschen ja auch nicht überraschen konnte. Selbstverständlich gab es auch in der

Gegenwart ein gewisses Interesse an der Religion, das das früherer Zeiten legitimierte. Noch immer durfte bei passenden Gelegenheiten von Gott dem Schöpfer gesprochen werden, auch wenn jeder Gebildete wußte, daß es keinen wirklichen Gott gab, ganz gewiß keinen, der irgend etwas zu erschaffen vermochte, und daß die Dinge um uns herum durch einen bewußtlosen Entwicklungsprozeß, das heißt durch Zufall und natürliche Selektion, entstanden waren. Unglücklicherweise wußten unsere Vorfahren noch nichts von Evolution, so daß sie sich all diese phantasievollen Mythen erdachten.

Auf den Karten des *wirklichen* Wissens, die für das *wirkliche* Leben vorgesehen waren, fand sich nichts außer Dingen, deren Vorhandensein angeblich *beweisbar* war. Der erste Grundsatz der kartographierenden Philosophen schien zu sein: ‹Im Zweifelsfall weglassen› oder ins Museum schicken. Mir fiel jedoch auf, daß die Frage, was einen Beweis ausmacht, sehr vielschichtig und schwierig war. Wäre es nicht klüger, das Prinzip umzukehren und zu sagen: ‹Im Zweifelsfall *deutlich* herausstellen›? Schließlich ist etwas, das über jeden Zweifel erhaben ist, in gewisser Hinsicht tot. Es stellt keine Herausforderung mehr für die Lebenden dar.

Etwas als ‹wahr› anzunehmen birgt immer die Gefahr des Irrtums. Wenn ich mich auf ein Wissen beschränke, das ich als zweifelsfrei wahr ansehe, vermindere ich zwar die Gefahr des Irrtums, vergrößere aber zugleich die Gefahr, etwas zu versäumen, was möglicherweise zu den verzweigtesten, wichtigsten und lohnendsten Dingen des Lebens gehört. Thomas von Aquin lehrte – Aristoteles folgend –: «Und dennoch ist das Geringste, was man an Erkenntnis der höheren Dinge haben kann, erstrebenswerter als die gewisseste Erkenntnis, die man von den geringsten Dingen hat.»[2] ‹Geringe› Erkenntnis wird hier ‹gewisser› Erkenntnis gegenübergestellt und läßt an Ungewißheit denken. Vielleicht muß es so sein, daß man die höheren Dinge nicht mit derselben Gewißheit wie die geringeren Dinge wissen kann. In diesem Fall wäre es tatsächlich ein großer Verlust, wenn Erkenntnis auf zweifelsfrei beweisbare Dinge beschränkt bliebe.

Die philosophischen Karten, die man mir in der Schule und der Universität aushändigte, zeigten nicht nur keine ‹richtigen Kirchen› wie die Karte von Leningrad, von der ich gesprochen habe, sie ließen auch große ‹unorthodoxe› Bereiche der Theorie und Praxis in der Medizin, der Landwirtschaft, der Psychologie und den Gesellschafts- und Politikwissenschaften aus, ganz zu schweigen von der Kunst und sogenannten okkulten und paranormalen Erscheinungen, deren bloße Erwähnung als Zeichen geistiger Unzulänglichkeit angesehen wurde. Insbesondere die prominentesten der offiziellen Lehrmeinungen betrachteten die Kunst lediglich als Möglichkeit der Selbstdarstellung oder der Wirklichkeitsflucht. Auch in der Natur gebe es höchstens zufällig etwas Künstlerisches, das heißt, selbst die schönsten Erscheinungen ließen sich – so sagte man uns – auf eine nützliche Funktion zurückführen, nämlich die, die Reproduktion des Lebens und natürliche Selektion zu sichern. Insgesamt war, von ‹musealen› Bereichen abgesehen, der ganze Lebensplan von oben bis unten und von links nach rechts in utilitaristischen Farben gezeichnet: Es gab darin fast nichts, was nicht als der Bequemlichkeit des Menschen dienlich oder dem allgemeinen Überlebenskampf nützlich galt.

Je gründlicher wir uns mit den Einzelheiten des Planes vertraut machten, das heißt, je mehr wir von dem in uns aufnahmen, was er zeigte, und uns daran gewöhnten, daß die Dinge fehlten, die er nicht zeigte, desto ratloser, unglücklicher und zynischer wurden wir natürlich. Einige von uns jedoch machten ähnliche Erfahrungen, wie Maurice Nicoll sie beschrieben hat:

«Einmal wagte ich, in einer der am Sonntag stattfindenden Unterrichtsstunden, in denen wir uns unter der Anleitung des Schulleiters mit dem griechischen Neuen Testament beschäftigten, trotz meines Stotterns nach der Bedeutung eines bestimmten Gleichnisses zu fragen. Die Antwort war so verworren, daß ich den ersten Augenblick von Bewußtheit erlebte – das heißt, mir wurde plötzlich klar, daß *niemand etwas wußte* . . . und von dem Augenblick an begann ich, für mich selbst zu denken, oder vielmehr, ich begriff, daß ich es konnte ... Ich sehe dieses Klassenzimmer noch deutlich vor mir, die hohen Fenster, die so angelegt waren, daß wir nicht hinaussehen konnten, die Schulbänke, das Podest, auf dem der Schulleiter saß, sein schmales Gelehrtengesicht, seine Angewohnheit, zu gestikulieren und nervös mit den Mundwinkeln zu zucken – und plötzlich diese Enthüllung in meinem Inneren, *ich wußte, daß er nichts wußte* – das heißt, nichts von den Dingen, auf die es wirklich ankam. Das war meine erste innere Befreiung von der Macht des äußeren Lebens. Von da an wußte ich bestimmt – und das bedeutete stets durch wahrhaft eigene innere Wahrnehmung, die die einzige Quelle wirklichen Wissens darstellt –, daß all mein Abscheu gegen die Religion, so wie man sie mich gelehrt hatte, berechtigt war.»[3]

Die von der modernen materialistischen Wissenschaftsgläubigkeit hervorgebrachten Karten beantworten keine der Fragen, auf die es wirklich ankommt. Mehr noch, sie zeigen nicht einmal den Weg zu einer möglichen Antwort: sie leugnen schon die Berechtigung der Fragen. In meiner Jugend, vor einem halben Jahrhundert, war die Lage verzweifelt genug, jetzt aber hat sie sich noch durch die immer striktere Anwendung der naturwissenschaftlichen Methode auf alle Gegenstände und Fachgebiete verschlimmert, denn dadurch wurden auch die letzten Reste überlieferter Weisheit – zumindest in der westlichen Welt – zerstört. Im Namen wissenschaftlicher Objektivität wird lauthals behauptet, Sinn und Werte seien «nichts als Abwehrmechanismen und Reaktionsbildungen»[4]; der Mensch sei «nichts als ein komplizierter biochemischer Mechanismus, dessen Energie von einem Verbrennungssystem geliefert wird, das Computer mit Energie versorgt, die unerhört reich an Speichern für die Aufbewahrung von verschlüsselten Informationen sind»[5]; und Freud versicherte uns gar: «... mit Sicherheit (weiß) ich nur das eine, daß die Werturteile der Menschen unbedingt von ihren Glückswünschen geleitet werden, also ein Versuch sind, ihre Illusionen mit Argumenten zu stützen.»[6]

Wie soll jemand dem Druck solcher Aussagen widerstehen, die im Namen objektiver Wissenschaft gemacht werden, wenn er nicht, wie Maurice Nicoll, plötzlich die Erfahrung einer ‹Enthüllung› macht, die ihn wissen läßt, daß die Menschen, die derlei sagen, trotz aller möglichen Gelehrsamkeit *nichts von den Dingen wissen, auf die es wirklich ankommt*? Die Menschen bitten um Brot, und man gibt ihnen Steine. Sie wollen einen Rat haben für das, was sie tun sollen, ‹um gerettet zu werden›, und man sagt ihnen, die Vorstellung von Rettung oder Heil enthalte keinen rationalen Kern und sei nichts als eine kindliche Neurose. Sie wollen wissen, wie sie als verantwortungsbewußte Menschen leben sollen, und man sagt ihnen, sie seien Maschinen, wie Computer, ohne freien Willen und daher ohne Verantwortlichkeit.

«Die Gefahr . . .», sagt der Psychiater Viktor E. Frankl, «. . . liegt weniger im Mangel an Universalität als vielmehr im Anschein einer Totalität des Wissens, den sich der Wissenschaftler . . . gibt . . . Die Gefahr liegt also gar nicht darin, daß sich die *Forscher spezialisieren*, sondern darin, daß die *Spezialisten generalisieren.*» Nach vielen Jahrhunderten teleologischer Weltherrschaft haben wir jetzt drei Jahrhunderte einer zunehmend aggressiver werdenden ‹naturwissenschaftlichen Weltherrschaft› erlebt. Ihr Ergebnis ist ein Ausmaß an Verwirrung und Richtungslosigkeit, insbesondere unter der Jugend, das jederzeit zum Zusammenbruch unserer Zivilisation führen kann. Der wahre Nihilismus unserer Tage sei der Reduktionismus, sagt Frankl: «Hinter den Worten ‹nichts als› verbirgt sich, was die amerikanische Selbstkritik als ‹reductionism› bezeichnet, und diesen Reduktionismus halte ich wieder für . . . die Maske, hinter der sich heute der Nihilismus verbirgt. Er verrät sich weniger durch das Gerede vom Nichts als vielmehr durch die Redewendung ‹nichts als›.»[7] Menschliche Phänomene werden so zu bloßen Epiphänomenen gemacht – soweit Viktor E. Frankl.

Doch bleiben sie unsere *Wirklichkeit*, alles, was wir sind und was wir werden. In diesem Leben fühlen wir uns wie in einem fremden Land. Ortega y Gasset merkte einmal an, daß «das Leben wie ein Blattschuß auf uns abgefeuert wird». Wir können nicht sagen: «Einen Augenblick! Ich bin noch nicht ganz fertig. Warte, bis ich alles geklärt habe.» Wir müssen Entscheidungen treffen, auf die wir nicht vorbereitet sind, Ziele wählen, die wir nicht klar zu sehen vermögen. Das ist sehr befremdend und allem Anschein nach vernunftwidrig. Es sieht so aus, als seien die Menschen ungenügend ‹programmiert›. Nicht nur, daß sie bei der Geburt gänzlich hilflos sind und es lange bleiben: selbst als ganz und gar Erwachsene bewegen und verhalten sie sich nicht mit der Sicherheit von Tieren. Sie zögern, zweifeln, ändern ihre Ansicht, laufen hierhin und dorthin, nicht nur im Ungewissen darüber, wie sie an das gelangen, was sie haben wollen, sondern vor allem darüber, was sie wirklich wollen.

Fragen wie ‹was müßte ich tun?› oder ‹was muß ich tun, um gerettet zu werden?› sind seltsame Fragen, denn sie beziehen sich auf Ziele und nicht einfach auf Mittel. Auf Verfahrensweisen bezogene Antworten genügen nicht, wie zum Beispiel ‹sag mir genau, was du möchtest, und ich werde dir sagen, wie du es bekommen kannst›. Die ganze Schwierigkeit liegt eben darin, daß ich nicht weiß, was ich möchte. Vielleicht will ich nur glücklich sein und sonst nichts. Die Antwort aber ‹sag mir, was du zum Glück brauchst, und ich kann dir dann raten, was du tun sollst› – auch diese Antwort genügt nicht, weil ich nicht weiß, was ich zum Glück brauche. Vielleicht sagt jemand: «Zum Glück braucht man Weisheit» – was aber ist Weisheit? «Zum Glück brauchst du die Wahrheit, die dich frei macht» – welche Wahrheit aber macht mich frei? Wer sagt mir, wo ich sie finden kann? Wer vermag mich zu ihr zu führen oder mir zumindest die Richtung zu weisen, in die ich gehen muß?

In diesem Buch werden wir versuchen, die Welt als Ganzes zu sehen. Das wird bisweilen Philosophieren genannt, und die Philosophie wurde als die Liebe zur Weisheit und als Streben nach Weisheit definiert. Sokrates hat gesagt: «Das Staunen ist das, was ein Philosoph empfindet, und Philosophie beginnt mit dem Staunen.» Er hat auch gesagt: «Keiner der Götter philosophiert oder begehrt weise zu werden, denn sie sind es bereits; auch wenn sonst jemand weise ist, philosophiert er nicht. Ebensowenig philosophieren wiederum die Unverständigen, noch begehren sie weise zu werden. Denn das eben ist das Verderbliche am Unverstand, daß man, ohne schön, gut und verständig zu sein, dennoch sich selber genug dünkt.»[8]

Eine Möglichkeit, die Welt als Ganzes zu betrachten, besteht darin, daß man sich eines Planes oder einer Art Landkarte bedient, die zeigt, wo die verschiedenen Dinge zu finden sind – selbstverständlich nicht alle, denn dann müßte eine solche Karte so groß wie die Welt sein, aber die Dinge, die für die Orientierung am wichtigsten und vordringlichsten sind: sozusagen auffallende Markierungspunkte, die man nicht übersehen kann, oder die, wenn man sie übersieht, den Menschen in völlige Ratlosigkeit stürzen. Der wichtigste Teil jeder Untersuchung oder Erforschung ist der Anfang. Man kann in späteren Stadien der Untersuchung die strengsten Verfahren anwenden – wenn man falsch oder oberflächlich begonnen hat, wird man diesen Fehler nicht mehr korrigieren können.[9]

Die Kartographie ist eine empirische Kunst, die einen hohen Abstraktionsgrad verlangt, sich aber dennoch mit einer Art Selbstverleugnung an die Realität hält. Ihr Motto ist gewissermaßen ‹alles aufnehmen, nichts auslassen›. Wenn es etwas *gibt*, wenn etwas eine Art von Existenz hat, wenn Menschen es bemerken und daran interessiert sind, muß es auf der Karte auch erscheinen, und zwar an seinem richtigen Platz. Philosophie ist nicht nur Kartographie, ebensowenig wie sich die gesamte Geographie im Anfertigen von Karten oder Orientierungsplänen erschöpft. Es ist lediglich ein Anfang – eben der Anfang, der gegenwärtig fehlt, wenn Menschen fragen: «Was bedeutet all das?» oder «Was soll ich mit meinem Leben tun?»

Meine Karte oder mein Orientierungsplan gründet sich auf die Anerkennung der vier Großen Wahrheiten – gleichsam Wegzeichen – die so herausragend und allesdurchdringend sind, daß man sie überall sehen kann, ganz gleich, wo man sich befindet. Wer sie erkennt, kann mit ihrer Hilfe stets seinen Standort bestimmen; wer sie nicht zu erkennen vermag, hat sich verirrt.

Man könnte sagen, daß es in dem Orientierungsplan um ‹das Leben des Menschen in der Welt› geht. Aus dieser einfachen Aussage ergibt sich, daß wir näher ins Auge fassen müssen:

1. ‹Die Welt›,
2. ‹Den Menschen› – und das, womit er ausgestattet ist, um ‹der Welt› zu begegnen,
3. seine Art, die Welt zu erfahren, und
4. was es heißt, in dieser Welt zu ‹leben›.

Die Große Wahrheit über die Welt ist die, daß es sich bei ihr um einen hierarchisch gestaffelten Bau von mindestens vier großen Seinsstufen handelt.

Die Große Wahrheit über das, womit der Mensch ausgestattet ist, um der Welt zu begegnen, ist das Prinzip der ‹Adäquatheit› (*adaequatio*).

Die Große Wahrheit darüber, wie der Mensch lernt, bezieht sich auf die ‹Vier Wissensbereiche›.

Die Große Wahrheit darüber, wie man dies Leben in dieser Welt lebt, bezieht sich auf die Unterscheidung zwischen zwei Arten der Problemstellung, nämlich ‹konvergierenden› und ‹divergierenden›.

Eine Karte oder ein Orientierungsplan, das muß ganz klar gesagt werden, ‹löst› keine Probleme und ‹erklärt› keine Geheimnisse, sondern hilft lediglich, diese kenntlich zu machen. Die Aufgabe, die Buddha in seinen letzten Worten geäußert hat: «Betreibt mit Eifer eure Rettung» – bleibt jedermann selbst überlassen. Den Vorstellungen der tibetischen Lehrer entsprechend ist zu diesem Zweck:

«. . . eine Philosophie unerläßlich, die alles Wissen umfaßt; . . . ein System der Meditation unerläßlich, das die Kraft zu geistiger Konzentration auf jeden beliebigen Gegenstand hervorrufen kann; . . . eine Lebensweise unerläßlich, die uns befähigt, alles Tun (von Körper, Wort und Geist) zum Fortschreiten auf dem rechten Pfad zu nutzen.»[10]

II

Die neueren europäischen Philosophen waren selten getreue Kartographen. Descartes (1596 bis 1650), dem die moderne Philosophie so viel verdankt, ging beispielsweise an seine selbstgestellte Aufgabe gänzlich anders heran. Er sagte, daß «wer den richtigen Weg zur Wahrheit sucht, mit keinem Gegenstand umgehen darf, über den er nicht eine den arithmetischen oder geometrischen Beweisen gleiche Gewißheit gewinnen kann.»[11] «Nur mit solchen Gegenständen darf man umgehen, zu deren zuverlässiger und unzweifelhafter Erkenntnis unsere Erkenntniskraft offenbar ausreicht.»[12]

Descartes, der Vater der modernen rationalistischen Haltung, betonte: «Denn schließlich dürfen wir uns . . . immer nur von der Evidenz unserer Vernunft überzeugen lassen.» Insbesondere hob er hervor: «Und man beachte, daß ich sage, von unserer Vernunft und nicht von unserer Einbildungskraft oder unseren Sinnen.»[13] Die Methode der Vernunft besteht im Versuch, «verwickelte und dunkle Proportionen stufenweise auf einfachere zurückzuführen und sodann von der Intuition der allereinfachsten zur Erkenntnis aller anderen über dieselben hinaufzusteigen . . .»[14] Das ist ein von einem kraftvollen und zugleich erschreckend engen Geist entworfenes Programm; seine Enge wird weiterhin an der Regel deutlich:

«Wenn in der Reihe der Sachverhalte, die gesucht werden sollen, etwas vorkommt, was unser Verstand vermittels Intuition nicht zufriedenstellend durchschauen kann, so muß man dort haltmachen und darf das, was sonst noch folgt, nicht mehr prüfen, sondern muß sich überflüssiger Arbeit enthalten.»[15]

Descartes begrenzt sein Interesse auf Wissen und gedankliche Vorstellungen, die über jeden Zweifel hinaus genau und gewiß sind, da er sein Hauptziel darin sieht, daß wir «uns so zu Herren und Eigentümern der Natur machen könnten.»[16] Nur was sich quantifizieren läßt, kann genau sein. Jacques Maritain sagt dazu:

«Die mathematische Kenntnis der Natur ist für Descartes nicht, was sie in Wirklichkeit ist, nämlich eine bestimmte Interpretation von Erscheinungen . . ., die keine auf die Grundprinzipien der Dinge zielenden Fragen beantwortet. Sondern dies Wissen enthüllt ihm das eigentliche Wesen der Dinge. Sie werden durch geometrische Erweiterung und Veränderung des Ortes erschöpfend analysiert. Die Gesamtheit der Physik, das heißt die Gesamtheit der Naturphilosophie, ist nichts als Geometrie.

Somit führt die kartesianische Beweisführung geradewegs zur Mechanisierung. Sie mechanisiert die Natur, tut ihr Gewalt an, vernichtet alles, was die Dinge dazu bringt, als Symbole am Genius des Schöpfers teilzuhaben, zu uns zu reden. Das Universum verstummt.»[17]

Es gibt keine Gewähr dafür, daß die Welt so eingerichtet ist, und daß unbezweifelbare Wahrheit die ganze Wahrheit bedeutet. Außerdem: wessen Wahrheit, wessen Verständniskraft wäre das? Die des Menschen. Eines jeden Menschen? Sind alle Menschen dem Begreifen der ganzen Wahrheit ‹adäquat›? Wie Descartes gezeigt hat, kann der Verstand des Menschen alles bezweifeln, was er nicht leicht zu erfassen vermag, und einige Menschen neigen mehr zum Zweifel als andere.

Descartes brach mit der Tradition, räumte auf mit ihr und machte einen neuen Anfang, er wollte alles selbst erkennen. Diese Art von Überheblichkeit wurde zum ‹Stilmerkmal› der europäischen Philosophie. «Jeder moderne Philosoph», merkt Maritain an, «ist in dem Sinne Kartesianer, daß er sich selbst als jemanden betrachtet, der vom Absoluten aus aufbricht und die Aufgabe hat, die Menschen zu einem neuen Weltbild zu führen.»[18]

Die vermeintliche Tatsache, daß die Philosophie «. . . von den ausgezeichnetsten Köpfen einer Reihe von Jahrhunderten gepflegt worden ist und daß es gleichwohl noch nichts in ihr gibt, worüber nicht gestritten würde und was folglich nicht zweifelhaft wäre»[19], führte Descartes zu etwas, das einer ‹Abkehr von der Weisheit› gleichkam und der ausschließlichen Konzentration auf ein Wissen, das so fest und unbezweifelbar war wie Mathematik und Geometrie. Francis Bacon (1561 bis 1626) argumentierte bereits auf einer ähnlichen Ebene. Skeptizismus, in der Philosophie eine Form des Defätismus, wurde zur Hauptströmung der europäischen Philosophie. Er hob, nicht ohne Folgerichtigkeit, hervor, daß die Reichweite des menschlichen Geistes streng begrenzt sei, und daß es keinen Anlaß gebe, sich mit Dingen außerhalb ihrer zu beschäftigen. Herkömmliche Weisheit sah den menschlichen Geist zwar als schwach, doch *nahezu unbegrenzt entwicklungsfähig* an, das heißt, als in der Lage, über sich selbst hinaus auf immer höhere Stufen übergreifen. Das neue Denken hingegen stellte als Axiom auf, daß die Reichweite des menschlichen Verstandes deutlich umrissene und enge Grenzen habe, die sich genau bestimmen lassen, aber innerhalb ihrer über praktisch unbegrenzte Kräfte verfüge.

Vom Standpunkt der philosophischen Kartographie aus bedeutete das eine sehr starke Verarmung: ganze Bereiche des menschlichen Interesses, denen die intensivsten Bemühungen früherer Generationen gegolten hatten, tauchten einfach nicht mehr auf den Karten auf. Zugleich lag darin ein noch entscheidenderer Rückzug und eine noch bedeutendere Verarmung: hatte traditionelle Weisheit die Welt stets als dreidimensional (durch das Symbol des Kreuzes) dargestellt – wobei es nicht nur sinnvoll, sondern auch von tiefer Bedeutung war, stets und überall zwischen ‹höheren› und ‹niedrigeren› Dingen und Seinsstufen zu unterscheiden – so trachtete das neue Denken entschlossen, um nicht zu sagen fanatisch, danach, die *Dimension der Vertikalen* abzuschaffen. Wie waren überhaupt klare und genaue Vorstellungen von solchen qualitativen Begriffen wie ‹höher› oder ‹niedriger› zu gewinnen? Bestand nicht die dringendste Aufgabe des Verstandes darin, quantitative Messungen an ihre Stelle zu setzen?

Vielleicht war Descartes' ‹Mathematismus› zu weit gegangen, auf jeden Fall machte Immanuel Kant (1724 bis 1804) einen neuen Anfang. Doch wie Etienne Gilson, der unvergleichliche Meister der Philosophiegeschichte, bemerkt,

«ging Kant nicht von der Mathematik zur Philosophie über, sondern von der Mathematik zur Physik. Wie Kant selbst sogleich folgerte: ‹Die ächte Methode der Metaphysik ist mit derjenigen im Grunde einerlei, die Newton in die Naturwissenschaft einführte, und die daselbst von so nutzbaren Folgen war . . .›[20] *Die Kritik der reinen Vernunft* beschreibt meisterlich, wie der menschliche Geist beschaffen sein müßte, um das Bestehen eines newtonschen Naturbegriffs erfassen und annehmen zu können, vorausgesetzt, daß diese Vorstellung der Wirklichkeit entspricht. Nichts kann deutlicher die Grundschwäche der physikalischen Vorgehensweise als einer philosophischen Methode zeigen.»[21]

Weder Mathematik noch Physik können mit den qualitativen Begriffen ‹höher› oder ‹niedriger› etwas anfangen. So verschwand die Dimension der Vertikalen aus den Karten der Philosophen, die sich anschließend mit ziemlich weit hergeholten Aufgabenstellungen beschäftigten wie ‹Gibt es andere Menschen?› oder ‹Wie kann ich überhaupt etwas wissen?› oder ‹Machen andere Menschen Erfahrungen, die den meinigen entsprechen?› und die somit den Menschen nicht mehr bei der äußerst schwierigen Aufgabe von Nutzen waren, ihren Weg durchs Leben zu finden.

Die eigentliche Aufgabe der Philosophie formulierte Etienne Gilson wie folgt:

«Es ist ihre ständige Pflicht, einen sich stets vergrößernden Bereich wissenschaftlicher Kenntnis zu ordnen und zu regeln und immer vielschichtigere Probleme des menschlichen Verhaltens zu beurteilen. Es ist ihre nie endende Aufgabe, die alten Wissenschaften in ihren natürlichen Grenzen zu halten, neuen Wissenschaften ihren Platz und ihre Grenzen zuzuweisen. Zum Schluß muß sie, und das ist nicht ihre geringste Aufgabe, alles menschliche Tun unter wie auch immer sich ändernden Umständen derselben Vernunft unterordnen, durch die allein der Mensch Richter seiner Werke und, nächst Gott, Herr seines Geschicks bleibt.»[22]

III

Der Verlust dieser Dimension, der Vertikalen, bedeutete, daß es nicht mehr möglich war, eine andere als utilitaristische Antwort auf die Frage zu geben: «Was soll ich mit meinem Leben tun?» Die Antwort konnte mehr individualistisch-selbstsüchtig oder mehr sozial-selbstlos ausfallen, aber sie mußte zwangsläufig utilitaristisch sein. Sie hieß entweder «Macht es euch so bequem wie möglich» oder «Strebt nach dem höchsten Glück für eine möglichst große Anzahl von Menschen». Ebensowenig war es möglich, die Natur des Menschen anders als die des Tieres zu bestimmen. Ein ‹höheres› Tier? Ja, vielleicht, aber nur in gewisser Hinsicht. In vielen anderen Punkten ließen Tiere sich als ‹höher› denn der Mensch beschreiben, und so wäre es am besten, man versuchte, verschwommene Ausdrücke wie ‹höher› oder ‹geringer› zu vermeiden, es sei denn, man meinte sie streng entwicklungsgeschichtlich, denn bezogen auf die Evolution ließe sich ‹höher› allgemein mit ‹später› assoziieren. Der Mensch aber kam zweifellos erst spät, so daß man sich ihn als auf der obersten Sprosse der Entwicklungsleiter stehend vorstellen konnte.

Nichts von alldem liefert eine hilfreiche Antwort auf die Frage: «Was soll ich mit meinem Leben tun?» Pascal hatte gesagt, der Mensch wolle «glücklich sein und nichts als glücklich sein, und er (sei) nicht fähig, zu wollen, daß er es nicht sei»[23], aber das neue Denken der Philosophen beharrte mit Kant darauf, daß der Mensch «doch niemals bestimmt und mit sich selbst einstimmig sagen kann, was er eigentlich wünsche und wolle», und daß er nicht «mit völliger Gewißheit zu bestimmen (vermöchte), was ihn wahrhaft glücklich machen werde, darum weil hierzu Allwissenheit erforderlich sein würde»[24]. Herkömmliche Weisheit hatte eine beruhigend einfache Antwort: Das Glück des Menschen liege darin, nach Höherem zu streben, seine *höchsten* Fähigkeiten zu entwickeln, ein Wissen von den *höheren* und *höchsten* Dingen zu erwerben und, wenn möglich, ‹Gott zu schauen›. Wenn er sich *nach unten* begibt, nur seine *niederen* Fähigkeiten entwickelt, die er mit den Tieren gemeinsam hat, mache er sich zutiefst unglücklich, bis hin zur Verzweiflung.

Thomas von Aquin argumentierte mit unbeirrbarer Gewißheit:

«Niemand nämlich richtet sich in seinem Verlangen und Streben auf etwas, das ihm nicht vorweg bekannt ist. Da nun die Menschen durch die göttliche Vorsehung *auf ein höheres Gut hingeordnet sind, als es die menschliche Gebrechlichkeit* im gegenwärtigen Leben *erfahren kann*, . . . mußte der Geist *zu etwas Höherem* aufgerufen werden, *als unsere Vernunft im gegenwärtigen Leben erreichen kann, damit er so lerne, nach etwas zu verlangen* und sich strebend auf etwas hin zu richten, *was über den* ganzen *Stand des gegenwärtigen Lebens hinausgeht* . . . In diesem Sinne auch lag den Philosophen, um die Menschen von der Lust am Sinnlichen zur Sittlichkeit zu führen, der Nachweis am Herzen, daß es andere Güter – vorzüglichere als die sinnenfälligen – gibt, durch deren Genuß die, die sich entweder den aktiven oder den spekulativen Tugenden widmen, viel mehr Glück erfahren.»[25]

Diese Lehren, die der herkömmlichen Weisheit aller Völker in allen Teilen der Erde entsprechen, wurden dem Menschen der Gegenwart nahezu unverständlich, obwohl auch er nichts mehr erstrebt, als auf irgendeine Weise über ‹den ganzen Stand des gegenwärtigen Lebens› hinausgehen zu können. Er hofft, es möge ihm durch Reichtum gelingen, dadurch, daß er mit immer größerer Schnelligkeit vorankommt, den Mond und den Weltraum erobert. Es lohnt sich, dem heiligen Thomas noch einmal zuzuhören:

«Insofern aber der Mensch manches mit den tierischen Lebewesen gemeinsam besitzt, hat er auch noch ein drittes Verlangen, nämlich *die sinnliche Lust zu genießen*; und diesem Verlangen gehen die Menschen am meisten nach, wenn sie ein Leben des Vergnügens führen, wobei sie unmäßig und unenthaltsam werden, wenn sie hierin kein Maß mehr halten. In jener Glückseligkeit [nämlich: der göttlichen] gibt es jedoch die vollkommenste Lust, welche die sinnliche Lust, die auch die Tiere genießen, in dem Maße übertrifft, wie der Verstand über die Sinne erhaben ist. Auch ist jenes Gut, in welchem wir unsere Lust haben, um so größer als jedes sinnfällige Gut und um so innerlicher und ununterbrochener Lust bereitend, je mehr es frei ist von jeder Beimischung einer Betrübnis oder Belästigung durch Überreizung . . .

Dieser vollkommenen und letzten Glückseligkeit ist aber in diesem irdischen Leben nichts so ähnlich wie das Leben derjenigen, die die Wahrheit betrachten, soweit es eben in diesem Leben möglich ist. Daher haben denn auch die Philosophen, die von jener letzten Glückseligkeit noch keine genügende Kenntnis haben konnten, die letzte Glückseligkeit des Menschen in die Kontemplation gesetzt, die in diesem Leben möglich ist. Aus dem gleichen Grunde wird daher auch in der Hl. Schrift das kontemplative Leben allen anderen Lebensführungen vorgezogen und in höchster Weise empfohlen, wenn der Herr (Luk. 10, 42) sagt: ‹*Maria hat den besten Teil erwählt*›, nämlich die Kontemplation der Wahrheit, ‹*der ihr nicht wird genommen werden*›; denn die Kontemplation der Wahrheit fängt in diesem Leben an und wird im zukünftigen Leben vollendet weitergeführt; *während das aktive (praktische) und staatliche Leben die Grenzen dieses irdischen Lebens nicht übersteigt.*»[26]

Die meisten heutigen Leser werden nicht glauben mögen, daß vollkommenes Glück auf Wegen erreichbar ist, von denen ihre moderne Welt nichts weiß. Doch geht es hier nicht um Glauben oder Unglauben. Es soll lediglich gesagt werden, daß man ohne die qualitativen Begriffe von ‹höher› und ‹niedriger› nicht einmal in Gedanken Richtlinien für das Leben finden wird, die über den Utilitarismus und die Selbstsucht des einzelnen oder des Kollektivs hinausweisen.

Die Fähigkeit, die Große Wahrheit des hierarchischen Baus der Welt zu erkennen, die zwischen höheren und niedrigeren Seinsstufen zu unterscheiden ermöglicht, ist eine der unerläßlichen Voraussetzungen des Verstehens. Ohne sie läßt sich nicht feststellen, wo alles seinen ordnungsgemäßen und angestammten Platz hat. Alles kann immer nur verstanden werden, wenn seine Seinsstufe ganz und gar mit berücksichtigt wird. Viele Dinge sind wahr auf einer niedrigen Seinsstufe und werden auf einer höheren sinnlos. Das gilt selbstverständlich auch umgekehrt.

Daher wenden wir uns jetzt einer Untersuchung des hierarchischen Baus der Welt zu.

Stufen des Seins

I

Unsere Aufgabe ist es, die Welt als Ganzes zu betrachten.

Wir sehen, was auch die Menschen vor uns stets gesehen haben: eine große ‹Seinskette›, die sich auf ganz natürliche Weise in vier Abschnitte zu teilen scheint – vier ‹Reiche›, wie man früher sagte –, in das Reich der unbelebten Materie, der Pflanzen, der Tiere und des Menschen. Das «war in der Tat bis vor kaum mehr als einem Jahrhundert wohl die am weitesten verbreitete und vertrauteste Vorstellung vom allgemeinen *Schema* der Dinge, vom Muster für den Bau des Universums»[1]. Die Seinskette läßt sich so betrachten, als erstrecke sie sich vom höchsten Wesen zum niedersten, man kann sie aber auch vom niedersten zum höchsten aufsteigend sehen. In der antiken Darstellung rangiert das Göttliche an oberster Stelle, so daß die abwärts gerichtete Kette mit zunehmendem Abstand vom Mittelpunkt immer mehr Qualitäten verliert. Die stark von der Evolutionstheorie beeinflußte moderne Sehweise neigt dazu, von der unbelebten Materie auszugehen und den Menschen als das letzte Glied der Kette zu betrachten, als denjenigen, der den weitestreichenden Radius von nützlichen Eigenschaften entwickelt hat. Für unsere Zwecke ist die Blickrichtung – aufwärts oder abwärts – an dieser Stelle unwichtig. Wir werden entsprechend moderner Denkgewohnheit auf der untersten Ebene, dem Reich der unbelebten Materie, beginnen und auf unserem Wege zu den höheren Ebenen den sich jeweils ergebenden Zuwachs an Eigenschaften oder Fähigkeiten betrachten.

Niemandem fällt es schwer, den erstaunlichen und geheimnisvollen Unterschied zwischen einer lebenden und einer abgestorbenen Pflanze zu erkennen, die auf die niedrigste Seinsstufe, die der unbelebten Materie, zurückgefallen ist. Welche Kraft ging hier verloren? Wir nennen sie ‹Leben›. Wissenschaftler sagen uns, daß wir von einer ‹Lebenskraft› eigentlich gar nicht sprechen dürfen, weil eine solche sich bisher noch nicht hat nachweisen lassen. Dennoch gibt es einen solchen *Unterschied*. Wir könnten ihn ‹x› nennen und damit etwas anzeigen, was vorhanden ist, was bemerkt und untersucht, aber nicht erklärt werden kann. Wenn wir die Ebene der unbelebten Materie ‹m› nennen, können wir der pflanzlichen Ebene den Ausdruck $m + x$ zuordnen. Dieser Faktor x verdient offenbar unsere genaueste Aufmerksamkeit, zumal wir ihn zerstören können, obwohl seine Erschaffung gänzlich außerhalb unseres Wissens und unserer Fähigkeit liegt. Selbst wenn jemand uns ein Rezept und bestimmte Anweisungen zu geben vermöchte, wie Leben aus unbelebter Materie zu schaffen sei, bliebe der geheimnisvolle Charakter von ‹x›, und wir würden nie aufhören uns zu wundern, daß etwas, das zuvor nichts tun konnte, jetzt fähig ist, aus seiner Umgebung Nahrung zu ziehen, zu wachsen und sich ‹seinem Wesen gemäß› fortzupflanzen. Die Gesetze, Vorstellungen und Formeln der Physik und Chemie enthalten nichts, womit man solche Kräfte erklären oder auch nur beschreiben könnte. ‹x› ist etwas völlig Neues und Zusätzliches. Je mehr wir darüber nachdenken, desto deutlicher wird, daß wir uns hier einer Sache gegenübersehen, die man eine *ontologische Diskontinuität*, oder einfacher, einen Sprung von einer Seinsstufe auf die nächste nennen könnte.

Zwischen Pflanze und Tier liegt ein ähnlicher Sprung, ein ähnlicher Zuwachs an Fähigkeiten, der es dem durchschnittlichen, vollständig entwickelten Tier gestattet, Dinge zu tun, die weit über das hinausreichen, was einer durchschnittlichen, vollständig entwickelten Pflanze möglich ist. Auch diese Kräfte sind geheimnisvoll und, genaugenommen, namenlos. Wir können sie mit Hilfe des Buchstaben ‹y› bezeichnen. Das dürfte das Sicherste sein, da jede Benennung, die wir ihnen beilegen würden, die Menschen dazu veranlassen kann, zu denken, es handele sich hierbei nicht nur um einen Hinweis, sondern um eine angemessene Beschreibung. Doch ohne Worte können wir uns nicht verständigen, und daher werde ich diese geheimnisvollen Kräfte als ‹Bewußtsein› bezeichnen. Bei einem Hund, einer Katze oder einem Pferd ist ein Bewußtsein leicht zu erkennen, und sei es auch nur, weil man sie in einen der Pflanze ähnlichen bewußtlosen Zustand versetzen kann: die Lebensvorgänge gehen weiter, obwohl das Tier seine besonderen Handlungsfähigkeiten eingebüßt hat.

Läßt sich in der oben verwendeten Terminologie die Pflanze als $m + x$ darstellen, muß das Tier als $m + x + y$ beschrieben werden. Auch der Faktor y ist größter Aufmerksamkeit würdig. Wir können ihn zerstören, nicht aber erschaffen. Etwas, das wir zwar zerstören, nicht aber selbst herstellen können, ist in gewissem Sinne heilig, und alle unsere ‹Erklärungen› dazu erklären in Wirklichkeit nichts. Auch hier können wir wieder sagen, daß – im Vergleich mit der Ebene Pflanze – ‹*y*› etwas vollständig Neues und Zusätzliches ist, eine *ontologische Diskontinuität*, ein Sprung von einer Seinsstufe auf die nächste.

Wer würde beim Übergang von der Ebene des Tieres zu der des Menschen ernsthaft bestreiten, daß auch hier zusätzliche Fähigkeiten auftreten? Welche das genau sind, ist in der Moderne ein kontroverses Thema geworden. Doch die Tatsache, daß der Mensch zahllose Dinge tun kann – und tut –, die völlig über den Rahmen der Möglichkeiten selbst der höchstentwickelten Tiere hinausgehen, ist unbestreitbar und wurde nie geleugnet. Der Mensch hat ‹Lebenskräfte› wie die Pflanze, Bewußtseinskräfte wie das Tier und offenbar etwas, das jenseits ihrer liegt: die geheimnisvolle Kraft ‹*z*›. Wie ist sie beschaffen? Wie ließe sie sich definieren? Wie könnte man sie nennen? Diese Kraft ‹*z*› hat zweifellos viel damit zu tun, daß der Mensch nicht nur denken, sondern sich seines Denkens auch bewußt sein kann. Bewußtsein und Intelligenz führen sozusagen aufeinander zurück. Es geht hier nicht nur um ein bewußtes Lebewesen, sondern um eines, das sich seines Bewußtseins bewußt zu sein vermag, nicht lediglich um jemanden, der denkt, sondern um jemanden, der, während er denkt, zugleich sein eigenes Denken beobachten und untersuchen kann. Es geht um etwas, das ‹ich› zu sagen und das Bewußtsein nach seinen eigenen

Zwecken zu leiten vermag, einen Herrn oder Gebieter, eine Kraft auf einer höheren Ebene als der des bloßen Bewußtseins. Diese Kraft ‹z›, das auf sich selbst zurückwirkende Bewußtsein, eröffnet unbegrenzte Möglichkeiten sinnvoll gerichteter Erfahrung, Untersuchung, Erforschung, kann in Worte fassen und Wissen erwerben. Wie sollen wir sie nennen? Da wir Wort-Etiketten brauchen, werde ich sie ‹Selbstreflexivität› nennen. Wir müssen jedoch unbedingt stets sorgfältig beachten, daß ein solches Wort-Etikett bloß ‹ein Finger (ist), der zum Monde weist› (wie es in einem buddhistischen Ausdruck heißt). Der ‹Mond› selbst bleibt zutiefst geheimnisvoll und muß mit der größten Geduld und Ausdauer untersucht werden, wenn wir etwas von der Stellung des Menschen im Universum verstehen wollen.

Unsere anfängliche Betrachtung der vier großen Seinsstufen können wir wie folgt zusammenfassen:

‹Mensch› läßt sich schreiben als $m + x + y + z$
‹Tier› läßt sich schreiben als $m + x + y$
‹Pflanze› läßt sich schreiben als $m + x$
‹Materie› läßt sich schreiben als m

Nur m ist sichtbar – x, y und z sind unsichtbar. Sie sind äußerst schwierig zu erfassen, obwohl ihre Auswirkungen zu unseren alltäglichen Erfahrungen gehören.

Wie wir zuvor gesagt haben, könnten wir, statt ‹Materie› als Ausgangspunkt anzusetzen und zu den höheren Seinsstufen durch eine Hinzufügung von Kräften vorzudringen, ebenso mit der höchsten Seinsstufe beginnen, die uns unmittelbar bekannt ist – dem Menschen – und durch eine nachfolgende Subtraktion der Kräfte zu den niedrigeren Seinsstufen gelangen. Wir könnten dann sagen:

‹Mensch› läßt sich schreiben als M
‹Tier› läßt sich schreiben als $M - z$
‹Pflanze› läßt sich schreiben als $M - z - y$
‹Materie› läßt sich schreiben als $M - z - y - x$

Ein solches ‹abwärtsgerichtetes› Schema ist für uns leichter zu verstehen als das ‹aufwärtsgerichtete›, einfach, weil es sich auf praktische Erfahrung gründen läßt. Wir wissen, daß alle drei Faktoren – x, y und z – schwächer werden und schwinden, ja, daß wir sie sogar absichtlich zerstören können. Das Bewußtsein bleibt, auch wenn die Selbstreflexivität schwindet, und das Leben geht weiter, auch wo das Bewußtsein aufhört. Das Leben schließlich kann enden und eine unbelebte Hülle zurücklassen. Wir können diesen Prozeß der Verminderung beobachten und gewissermaßen fühlen – bis zum augenscheinlich völligen Verschwinden der Selbstreflexivität, des Bewußtseins und des Lebens. Doch liegt es außerhalb unserer Macht, unbelebte Materie zu beleben, belebte Materie mit Bewußtsein und schließlich bewußte Wesen mit der Fähigkeit zur Selbstreflexivität zu begaben.

Was wir selbst tun, können wir in gewissem Sinne verstehen. Was wir überhaupt nicht zu tun vermögen, können wir nicht verstehen – nicht einmal ‹in gewissem Sinne›. Evolution als ein Prozeß, bei dem Belebtheit, Bewußtsein und Selbstreflexivität spontan und zufällig aus unbelebter Materie heraus auftreten, ist völlig unverstehbar. Wenn das zufällige Entstehen des Höheren aus dem Niederen möglich ist, ist alles möglich, und dann gibt es keine Grundlage für menschliches Denken. Zwei und zwei brauchten nicht vier zu sein, sondern könnten ebensogut fünf oder jeden beliebigen anderen Wert ergeben, und es gäbe keinen zwingenden Grund zu glauben, daß zwei minus zwei Null ergibt: warum nicht glauben, daß es zufällig fünf macht?

Was unsere Zwecke anbetrifft, so brauchen wir in diesem Stadium jedoch nicht in solche Spekulationen einzutreten. Wir halten uns an das, was wir sehen und erfahren können: das Universum als eine große hierarchische Struktur von vier deutlich unterschiedenen Seinsstufen. Jede Stufe stellt offenbar ein breites Spektrum dar, das innerhalb seiner Grenzen höhere und niedere Lebewesen zuläßt. Die genaue Festlegung dessen, wo das untere Spektrum endet und das höhere beginnt, mag mitunter schwierig und umstritten sein. Daß es vier Reiche gibt, kann jedoch nicht dadurch in Frage gestellt werden, daß man sich gelegentlich über einige der Abgrenzungen uneins ist.

Physik und Chemie beschäftigen sich mit der niedrigsten

Stufe, der der ‹Materie›. Auf dieser Stufe gibt es weder *x*, *y* noch *z* – Leben, Bewußtsein und Selbstreflexivität – (auf jeden Fall treten sie in keiner Weise in Erscheinung und lassen sich mithin nicht erkennen). Physik und Chemie können uns nichts, aber auch gar nichts, darüber sagen. Diese Wissenschaften verfügen über keine auf solche Kräfte bezogenen Vorstellungen und sind nicht in der Lage, ihre Auswirkungen zu beschreiben. Wo es Leben gibt, gibt es Gestalt, die sich aus Samenkörnern oder ähnlichen Anfängen, die diese Gestalt noch nicht besitzen, aber im Verlauf des Wachstums entwickeln, stetig erneuert. Nichts dergleichen paßt in das Schema der Physik oder der Chemie.

Sagte man, das Leben sei nichts als eine bestimmte Verbindung von Atomen, wäre das, als sagte man, Shakespeares *Hamlet* sei nichts als eine Eigenschaft einer bestimmten Anordnung von Buchstaben. In Wahrheit ist diese bestimmte Buchstabenanordnung nichts als eine Eigenschaft von Shakespeares *Hamlet.* Der deutschen oder französischen Fassung des Stückes ‹eignen› unterschiedliche Buchstabenkombinationen.

Das Außergewöhnliche an den modernen Naturwissenschaften, die sich mit den Vorgängen des Lebens beschäftigen, liegt darin, daß sie kaum je mit dem *eigentlichen Leben*, dem Faktor *x*, zu tun haben, wohl aber der Untersuchung und Analyse des physikalisch-chemischen Körpers unendliche Aufmerksamkeit zuteil werden lassen, der das Leben birgt. Es ist durchaus möglich, daß die moderne Naturwissenschaft kein Verfahren kennt, mit dessen Hilfe sie dem ‹eigentlichen Leben› zu Leibe rücken kann. Trifft das zu, so soll man es offen zugeben; es gibt keine Entschuldigung für die Behauptung, das Leben sei nichts als Physik und Chemie.

Auch gibt es keine Entschuldigung für die Behauptung, Bewußtsein sei nichts als ein Merkmal des Lebens. Gewiß ist es völlig in Ordnung, ein Tier als physikalisch-chemisches System von ungeheurer Vielschichtigkeit zu beschreiben, nur wird dabei die ‹Tierheit› des Tieres ausgelassen. Zumindest einige Zoologen sind über diese Stufe gelehrter Sinnlosigkeit hinausgegangen und haben die Fähigkeit entwickelt,

Tiere als mehr denn komplizierte Maschinen anzusehen. Ihr Einfluß ist bisher jedoch noch beklagenswert gering, und mit der zunehmenden ‹Rationalisierung› des modernen Lebens werden immer mehr Tiere behandelt, als wären sie tatsächlich nichts anderes als ‹Tiermaschinen›. (Hier haben wir ein sehr beredtes Beispiel dafür, wie philosophische Theorien, ganz gleich, wie sinnlos sie sind und wie sehr sie dem gesunden Menschenverstand widersprechen, nach einiger Zeit Grundlage des ‹üblichen Handelns› im Alltagsleben werden.)

Alle ‹Geisteswissenschaften› beschäftigen sich im Unterschied zu den Naturwissenschaften auf die eine oder andere Weise mit dem Faktor *y* – dem Bewußtsein. Doch wird selten zwischen Bewußtsein *(y)* und Selbstreflexivität *(z)* unterschieden, was dazu führte, daß das moderne Denken zunehmend unsicher in der Frage geworden ist, ob zwischen Tier und Mensch überhaupt ein wirklicher Unterschied bestehe. Zahlreiche Untersuchungen des tierischen Verhaltens wurden zu dem Zweck vorgenommen, die Natur des Menschen zu verstehen. Das ist genauso, als würde jemand Physik studieren in der Hoffnung, dabei etwas über das *Leben (x)* zu erfahren. Selbstverständlich lassen sich gewisse Dinge über den Menschen dadurch erhellen, daß man Materie, Pflanzen und Tiere untersucht, da er gleichsam die drei unteren Seinsstufen in sich enthält. Es läßt sich sogar alles über ihn erfahren, mit Ausnahme dessen, was ihn zum Menschen macht. Alle vier Bestandteile der menschlichen Person – *m*, *x*, *y* und *z* – verdienen es, daß man sie untersucht. Doch zweifellos ist ihre Bedeutung für das Wissen, wie unser Leben zu führen ist, jeweils relativ. Es nimmt in der oben angegebenen Reihenfolge zu, und das gilt auch für die Schwierigkeit und Unsicherheit, der sich die moderne Menschheit gegenübersieht. Gibt es tatsächlich etwas jenseits der materiellen Welt, jenseits von Molekülen und Atomen, von Elektronen und zahllosen anderen Teilchen, deren jeweils komplexere Kombinationen angeblich einfach alles erklären, vom Plumpsten bis hin zum Erhabensten, vom Schlichtesten bis hin zum Verzweigtesten? Warum sollen wir von fundamentalen Unterschieden, ‹Sprüngen› in der Seinskette oder ‹ontologischen Diskontinuitäten› sprechen, wenn wir außer *graduellen Unterschieden* nichts wirklich sicher wissen? Wir brauchen nicht über die Frage zu streiten, ob man die greifbaren und mehr als deutlichen Unterschiede zwischen den vier großen Seinsstufen am besten als Unterschiede der Art oder als graduelle Unterschiede ansehen soll. Es muß ganz klar gesehen werden, daß zwischen den Kräften des Lebens, des Bewußtseins und der Selbstreflexivität Unterschiede der Art und nicht einfach des Grades bestehen. Möglicherweise finden sich Spuren dieser Kräfte schon auf den niederen Ebenen, wo der Mensch sie auch (noch) gar nicht wahrzunehmen vermag. Oder vielleicht werden sie, sozusagen bei jeweils passender Gelegenheit, von ‹einer anderen Welt› eingeflößt. Es ist für uns nicht von wesentlicher Bedeutung, daß wir ihren Ursprung theoretisch erklären können, vorausgesetzt, wir erkennen ihr Sosein an und rufen uns dadurch ständig ins Gedächtnis, daß sie über alles hinausgehen, was wir mit unserer eigenen Intelligenz zu erschaffen vermögen.

Es ist nicht übermäßig schwer, den Unterschied zwischen ‹belebt› und ‹unbelebt› zu erkennen. Schwerer ist es schon, Bewußtsein von Leben zu unterscheiden, und den Unterschied zwischen Selbstreflexivität und Bewußtsein (das heißt zwischen *y* und *z*) zu erkennen, zu erfahren und zu würdigen, ist in der Tat sehr schwierig. Der Grund für diese Schwierigkeit liegt auf der Hand: während das Höhere das Niedere in sich schließt und mithin in gewissem Sinne versteht, kann kein Wesen etwas verstehen, das höher ist als es selbst. Ein Mensch kann durchaus zum Höheren streben und durch Anbetung, Ehrfurcht, Staunen, Bewunderung und Nachahmung einen Wachstumsprozeß einleiten und dadurch, daß er eine höhere Ebene erreicht, sein Verständnis erweitern – das aber wird uns später noch ausführlich beschäftigen. Menschen, bei denen die Fähigkeit zur Selbstreflexivität *(z)* nur gering entwickelt ist, können sie nicht als eine eigenständige Kraft erfassen und halten sie gemeinhin für nichts als eine geringfügige Erweiterung des Bewußtseins *(y)*. Daher haben wir eine Vielzahl von Definitionen des Menschen, die ihn als nichts denn ein außergewöhnlich intelligentes Tier mit einem übergroßen Gehirn hinstellen oder als ein Tier, das Werkzeuge verfertigt, oder ein ‹politisches Tier› *(zoon politikon)* oder ein unvollendetes Tier oder schlicht als einen nackten Affen. Zweifellos schließen Menschen, die unbeschwert diese Begriffe benutzen, sich selbst in ihre Definitionen ein, und gewiß haben sie auch Gründe dafür. Anderen klingen sie lediglich geistlos und albern, wie wenn man einen Hund als eine bellende Pflanze oder einen rennenden Kohlkopf definierte. Nichts fördert mehr die Brutalisierung in der modernen Welt, als daß man im Namen der Wissenschaft falsche und minderwertige Definitionen des Menschen wie zum Beispiel die vom ‹nackten Affen› in die Welt setzt. Was kann man schon von einem solchen Geschöpf erwarten, von anderen ‹nackten Affen› oder eben auch von sich selbst? Wenn Menschen von Tieren als ‹Tiermaschinen› sprechen, behandeln sie sie auch bald dementsprechend, und wenn sie alle Menschen für nackte Affen halten, ist der Bestialität Tür und Tor geöffnet.

«Welch ein Meisterwerk ist der Mensch! Wie edel durch Vernunft! Wie unbegrenzt an Fähigkeiten!»[2] Durch die Kraft der Selbstreflexivität *(z)* sind seine Fähigkeiten in der Tat unbegrenzt, nicht determiniert, eingeschränkt oder, wie man heutzutage sagt, ‹programmiert›. Werner Jaeger drückte eine tiefe Wahrheit aus, als er behauptete, sobald eine mögliche Fähigkeit des Menschen erkannt sei, existiere sie auch. Die größten menschlichen Leistungen machen den Menschen aus – nicht ihr übliches Tun, durchschnittliches Verhalten oder Schaffen, und schon gar nichts, das sich aus der Beobachtung von Tieren herleiten läßt. «Nicht alle Menschen können etwas Besonderes sein», sagt Catherine Roberts,

«doch könnten alle Menschen durch Kenntnis ihres höheren Menschseins wissen, was es bedeutet, ein Mensch zu sein, und daß auch sie einen Beitrag zu leisten haben. Es ist wundervoll, so sehr Mensch zu werden, wie man es vermag.

Dazu bedarf es keiner Hilfe durch die Wissenschaft. Darüber hinaus kann das bloße Bewußtwerden der Möglichkeiten, die im Menschen ruhen, einen Fortschritt gegenüber dem bedeuten, was vorher war.»[3]

Diese ‹Unbegrenztheit› ist das wunderbare Ergebnis der spezifisch menschlichen Fähigkeit zur Selbstreflexivität *(z)*, der im Unterschied zu den Kräften des Lebens und des Bewußtseins nichts Automatisches oder Mechanisches anhaftet. Die Kräfte der Selbstreflexivität sind im wesentlichen eher eine unbegrenzte Möglichkeit als etwas tatsächlich Bestehendes. Jeder einzelne Mensch muß sie entwickeln und ‹umsetzen›, wenn er wahrhaft menschlich, und das heißt, eine *Person* werden soll.

Ich sagte weiter vorn, daß ‹Mensch› sich schreiben läßt als

$$m + x + y + z.$$

Diese vier Elemente bilden eine Sequenz, in der Seltenheit und Verletzlichkeit mit jedem Element zunehmen. Materie *(m)* ist unzerstörbar. Wer einen Leib tötet, beraubt ihn der Bestandteile *x*, *y* und *z*, doch es bleibt die unbelebte Materie, die zur Erde ‹zurückkehrt›. Im Vergleich mit unbelebter Materie ist das Leben äußerst selten und gefährdet. Andererseits ist im Vergleich zur Allgegenwart und Zähigkeit des Lebens das Bewußtsein sehr selten und verletzlich. Selbstreflexivität aber ist die seltenste aller Kräfte, im höchsten Maße wertvoll und verletzlich, eine großartige und sehr vergängliche persönliche Leistung, die auf einmal da ist und im nächsten Moment nur allzu rasch schwindet. Die Untersuchung dieses Faktors *z* lag der Menschheit zu allen Zeiten – außer in der Gegenwart – vorrangig am Herzen. Wie kann man etwas so Verletzliches und Flüchtiges, wie kann man etwas untersuchen, das selbst doch das Untersuchende ist? Wie kann ich überhaupt das ‹Ich› untersuchen, das sich gerade des Bewußtseins bedient, das für die Untersuchung erforderlich ist? Diese Fragen werden uns in einem späteren Teil dieses Buches beschäftigen. Bevor wir uns ihnen unmittelbar widmen können, tun wir gut daran, den vier großen Seinsstufen genauere Aufmerksamkeit zuzuwenden: wie durch Einwirkung zusätzlicher Kräfte *wesentliche* Veränderungen eintreten, auch wenn Ähnlichkeiten und ‹Entsprechungen› bleiben.

Materie *(m)*, Leben *(x)*, Bewußtsein *(y)*, Selbstreflexivität *(z)* – diese vier Elemente sind ontologisch, das heißt ihrem Wesensgrunde nach unterschiedlich, unvergleichbar, inkommensurabel und diskontinuierlich. Nur eines von ihnen ist objektiver wissenschaftlicher Beobachtung mit Hilfe unserer fünf Sinne unmittelbar zugänglich. Die drei anderen sind uns nichtsdestoweniger bekannt, weil wir selbst, jeder einzelne von uns, aus unserer eigenen inneren Erfahrung bestätigen können, daß es sie gibt.

Leben finden wir immer nur als lebende Materie, Bewußtsein stets nur als bewußte lebende Materie und Selbstreflexivität ausschließlich als selbstreflexive, nachdenkende, bewußte, lebende Materie vor. Die ontologischen Unterschiede zwischen diesen vier Elementen entsprechen der Diskontinuität der Dimensionen. Eine Linie ist eindimensional, und keine Fortführung einer Linie, keine noch so scharfsinnige Konstruktion und keine Komplexität kann aus ihr jemals eine Fläche machen. Ebenso kann keine Fortführung einer zweidimensionalen Fläche, keine Zunahme der Komplexität, Raffinesse oder Größe sie jemals in einen Körper umwandeln. Wir wissen, daß Existenz in der physikalischen Welt nur dreidimensionalen Wesen zu eigen ist. Ein- oder zweidimensionale Dinge bestehen nur in unserer Vorstellung. Analog ließe sich sagen, daß nur der Mensch in dieser Welt eine ‹wirkliche› Existenz insoweit hat, als ihm allein die ‹drei Dimensionen› Leben, Bewußtsein und Selbstreflexivität eignen. In diesem Sinne führen Tiere mit nur zwei Dimensionen – Leben und Bewußtsein – lediglich ein Schattendasein, und Pflanzen gar, denen die Dimensionen der Selbstreflexivität und des Bewußtseins abgehen, stehen in derselben Beziehung zum Menschen wie eine Linie zu einem Körper. Bei dieser Analogie ist Materie, die keine der drei ‹unsichtbaren Dimensionen› aufweist, nicht wirklicher als ein geometrischer Punkt.

Dieser Parallelschluß, der vom Standpunkt der Logik

durchaus weit hergeholt scheinen mag, weist auf eine unausweichliche existentielle Wahrheit: die ‹wirklichste› Welt, in der wir leben, ist die unserer Mitmenschen. Ohne sie würden wir ein Gefühl ungeheurer Leere erfahren, wir könnten kaum selbst Menschen sein, weil wir mit unseren Beziehungen zu anderen Menschen stehen oder fallen. Die Gesellschaft von Tieren vermöchte uns nur deshalb und nur in dem Maße zu trösten, in dem sie uns an Menschen erinnern, und sei es auch nur in der Karikatur. Eine Welt ohne Mitmenschen wäre ein unheimlicher und unwirklicher Ort der Verbannung. Ohne Mitmenschen oder Tiere wäre die Welt eine schreckliche Wüstenei, ganz gleich, wie üppig die Vegetation in ihr wucherte. Sie eindimensional zu nennen wäre keine Übertreibung. Das menschliche Dasein in einer völlig unbelebten Umgebung, falls das überhaupt möglich wäre, würde vollständige Leere, vollständige Verzweiflung bedeuten. Es mag absurd erscheinen, einen solchen Gedanken zu verfolgen, aber es ist gewiß nicht so absurd wie eine Ansicht, die als ‹wirklich› nur tote Materie gelten läßt und die unsichtbaren Dimensionen von Leben, Bewußtsein und Selbstreflexivität als ‹unwirklich›, ‹subjektiv› und mithin im Sinne der Wissenschaft nicht existent behandelt.

Eine einfache Betrachtung der vier großen Seinsstufen hat uns die vier Elemente erkennen lassen – Materie, Belebtheit, Bewußtsein und Selbstreflexivität. Auf diese Erkenntnis kommt es an, nicht auf die genaue Zuordnung der vier Elemente zu den Seinsstufen. Sollten jetzt die Naturwissenschaftler kommen und uns sagen, daß es einige Lebewesen gibt, die sie als Tiere bezeichnen und in denen sich keine Spur eines Bewußtseins entdecken läßt, brauchen wir mit ihnen darüber nicht zu streiten. Erkennen ist eines und Identifizieren ein anderes. Für uns ist lediglich das Erkennen wichtig, und wir dürfen durchaus für unsere Zwecke auf jeder Seinsstufe typische und vollständig entwickelte Exemplare auswählen. Sie besitzen und zeigen am deutlichsten die ‹unsichtbaren› Dimensionen des Lebens, des Bewußtseins und der Selbstreflexivität, und dies Zeigen wird nicht durch

Schwierigkeiten der Klassifizierung in anderen Fällen ungültig oder gar null und nichtig.

Haben wir erst einmal die ontologischen Abstände und Diskontinuitäten erkannt, die zwischen den vier ‹Elementen› – *m*, *x*, *y*, *z* – liegen, wissen wir auch, daß es keine ‹Bindeglieder› oder ‹Übergangsformen› geben kann. Leben ist entweder da oder nicht da – eine Halbgegenwart ist nicht möglich –, und das gilt auch für das Bewußtsein und die Selbstreflexivität. Identifikationsschwierigkeiten werden oft dadurch verschärft, daß die niedere Stufe mitunter eine Art Nachahmung oder Mimikry-Form der höheren hervorbringt, so wie eine Marionette gelegentlich für einen lebenden Menschen gehalten werden oder ein zweidimensionales Bild wie eine dreidimensionale Wirklichkeit aussehen kann. Doch weder die Identifikations- und Abgrenzungsschwierigkeiten noch die Möglichkeiten der Täuschung und des Irrtums können als Argumente gegen das Bestehen der vier großen Seinsstufen dienen, in denen sich die vier ‹Elemente› zeigen, die wir Materie, Leben, Bewußtsein und Selbstreflexivität genannt haben. Diese vier ‹Elemente› sind vier Geheimnisse, die man nicht vereinfachen kann und mit größter Sorgfalt beobachten und untersuchen muß, die sich aber nicht erklären und schon gar nicht ‹wegerklären› lassen.

In einer hierarchischen Struktur besitzt das Höhere nicht einfach Kräfte, die denen des Niederen hinzugefügt werden und über sie hinausgehen: es hat auch Macht *über* das Niedere, die Macht, es planmäßig einzusetzen und für seine eigenen Zwecke zu verwenden. Lebewesen setzen tote Materie ein und verwenden sie, bewußte Wesen können sich das Leben zunutze machen, und selbstreflektierende Wesen können sich des Bewußtseins bedienen. Gibt es Kräfte, die über die Selbstreflexivität hinausgehen? Gibt es Seinsstufen oberhalb der des Menschen? An dieser Stelle unserer Untersuchung brauchen wir lediglich die Tatsache zu registrieren, daß die große Mehrheit der Menschen während ihrer gesamten bekannten Geschichte bis vor sehr kurzer Zeit unerschütterlich davon überzeugt war, daß die Seinskette nach oben, über den Menschen hinaus, weitergeht. Diese allgemeine Überzeugung beeindruckt sowohl durch ihre Dauer als auch durch ihre Intensität. Die Menschen aus der Vergangenheit, die wir noch immer als die weisesten und größten ansehen, teilten diesen Glauben nicht nur, sondern hielten ihn für die wichtigste und tiefste aller Wahrheiten.

I

Die vier großen Seinsstufen weisen gewisse Merkmale von einer Art auf, die ich *fortschreitende Übergänge* nennen möchte. Der auffallendste von ihnen dürfte der von passivem zu aktivem Verhalten sein. Auf der untersten Ebene, der der unbelebten Materie, findet sich nur passives Verhalten. Ein Stein ist ganz und gar passiv, ein bloßes Objekt, völlig von den Umständen abhängig und ‹kontingent›. Er kann nichts tun, nichts aufbauen, nichts verwenden. Selbst radioaktive Materie ist völlig passiv. Eine Pflanze ist zum großen Teil, aber nicht gänzlich, passiv. Sie ist kein bloßes Objekt, sondern verfügt über eine gewisse begrenzte Fähigkeit zur Anpassung an sich ändernde Umstände: sie wächst dem Licht entgegen, streckt ihre Wurzeln so aus, daß sie Feuchtigkeit und Nährstoffe im Boden erreichen. Eine Pflanze ist in ganz geringem Umfang ein *Subjekt* mit einer eigenen Kraft, etwas zu tun, aufzubauen und zu verwenden. Man kann sogar sagen, daß sich in Pflanzen eine Andeutung aktiver Intelligenz findet – selbstverständlich nicht in dem Maße wie bei Tieren. Auf der Stufe des ‹Tieres› zeigt sich durch das Auftreten des Bewußtseins ein verblüffender Wechsel von Passivität zu Aktivität. Die Lebensvorgänge beschleunigen sich, die Aktivität wird in größerem Umfang selbstbestimmt, was an freier und oft zweckgerichteter Bewegung erkennbar wird – nicht nur bloßes Sich-Hinwenden zum Licht, sondern rasches Handeln, um Nahrung zu erwerben oder Gefahren zu entkommen. Die Fähigkeit, etwas zu tun, zu planen und zu verwenden, ist unermeßlich größer, es gibt Anzeichen für ein ‹Innenleben›, für die Empfindung von Glück und Unglück, Vertrauen, Furcht, Erwartung, Enttäuschung und dergleichen.

Kein Wesen mit einem Innenleben kann bloßes Objekt sein: es ist selbst Subjekt, kann sogar andere Wesen als bloße Objekte behandeln, wie die Katze es mit der Maus tut.

Auf der Ebene des Menschen gibt es ein Subjekt, das ‹Ich› sagt – eine Person: eine weitere deutliche Wandlung von der Passivität zur Aktivität, vom Objekt zum Subjekt. Eine Person zu behandeln, als wäre sie ein bloßes Objekt, ist eine Perversion, um nicht zu sagen, ein Verbrechen. Gleich, wie sehr die Umstände jemanden belasten und versklaven, stets hat er die Möglichkeit, sich seinen Wert zu beweisen und über sie hinauszuwachsen. Der Mensch kann ein gewisses Maß an Herrschaft über seine Umgebung und damit über sein Leben gewinnen, indem er die Dinge um sich herum für seine eigenen Zwecke benutzt. Es gibt keine definierbaren Grenzen seiner Möglichkeiten, höchstens praktische Grenzen, die er erkennen und respektieren muß.

Der fortschreitende Übergang von der Passivität zur Aktivität, den wir bei näherer Betrachtung der vier Seinsstufen erkennen, ist durchaus verblüffend – aber das ist noch nicht alles. Selbst der überlegenste und weitestgehend selbstbestimmte Mensch ist in großem Umfang passiv. Wenn er auch unbezweifelbar Subjekt ist, bleibt er in vielerlei Hinsicht Objekt, ist abhängig, kontingent, wird durch die Umstände umhergestoßen. Die Menschheit war sich dessen stets bewußt und hat ihre Vorstellungskraft, ihren Einfallsreichtum dazu benutzt, den Prozeß zu vollenden, die erkannte Kurve durch ‹Extrapolieren› (wie wir heute sagen würden) zu vervollständigen. Dazu stellte man sich ein Wesen vor, das ganz und gar aktiv, ganz und gar überlegen und autonom war, eine *Person* über allen bloß-menschlichen Personen, die in keiner Weise Objekt war, über allen Umständen und Zufälligkeiten stand, alles völlig beherrschte: ein *persönlicher* Gott, der ‹unbewegte Beweger›. Die vier Seinsstufen werden mithin als etwas gesehen, das auf die unsichtbare Existenz einer (oder mehrerer) Seinsstufe(n) oberhalb der des Menschen hindeutet.

Ein aufschlußreicher und wichtiger Aspekt des Übergangs von der Passivität zur Aktivität ist die Veränderung im Ursprung der Bewegung. Selbstverständlich kann es auf der Ebene unbelebter Materie keine Bewegungsänderung ohne physikalische Ursache geben – dort besteht eine sehr enge

Verbindung zwischen Ursache und Wirkung. Auf der pflanzlichen Ebene ist die Kausalkette komplexer: physikalische Ursachen rufen, wie auf der niedrigeren Ebene, physikalische Wirkungen hervor – der Wind schüttelt den Baum, ob er lebt oder abgestorben ist – aber gewisse physikalische Faktoren wirken nicht einfach als physikalische Ursache, sondern zugleich als *Stimulus.* Die Strahlen der Sonne veranlassen die Pflanzen, sich ihr zuzuwenden. Lehnt sie zu sehr in eine Richtung, erhalten die Wurzeln den Impuls, auf der gegenüberliegenden Seite kräftiger zu wachsen. Auf der Ebene des Tieres wiederum wird die Verursachung von Bewegung noch komplexer. Man kann ein Tier wie einen Stein hin- und herschieben, es läßt sich aber auch wie eine Pflanze stimulieren. Doch zusätzlich gibt es einen dritten verursachenden Faktor, der von innen heraus wirkt: bestimmte Antriebe, Zuwendungen oder Zwänge völlig unphysikalischer Art. Sie lassen sich *Motive* nennen. Ein Hund wird nicht nur einfach durch physikalische Kräfte oder Stimuli, die von außen an ihn herantreten, motiviert und damit bewegt, sondern auch durch solche, die in seinem eigenen ‹Innenraum› auftreten: erkennt er seinen Herrn, so springt er vor Freude, erkennt er seinen Feind, so fürchtet er sich und läuft davon.

Auf der Ebene des Tieres muß die motivierende Ursache eine physische Form haben, um wirken zu können, auf der Ebene des Menschen besteht diese Notwendigkeit nicht. Die Kraft der Selbstreflexivität gibt ihm eine weitere Möglichkeit, eine Bewegung hervorzurufen – den *Willen*, das heißt, die Kraft, selbst dann etwas zu tun, eine Bewegung auszuführen, wenn kein physischer Zwang, kein physikalischer Stimulus und keine wirklich motivierende Kraft besteht. Über den Willen wird viel gestritten. Wie frei ist der Wille? Damit werden wir uns später beschäftigen. Im gegenwärtigen Zusammenhang brauchen wir lediglich zu erkennen, daß es auf der Ebene des Menschen eine zusätzliche Möglichkeit gibt, Bewegung hervorzurufen – eine, die auf keiner der niedrigeren Ebenen zu bestehen scheint, nämlich Bewegung auf der Grundlage von etwas, das man ‹bloße

Einsicht› nennen kann. Es ist möglich, daß jemand sich nicht deshalb an einen anderen Ort begibt, weil gegenwärtige Bedingungen ihn dazu veranlassen, sondern weil er bestimmte zukünftige Entwicklungen antizipiert. Zwar sind diese zusätzlichen Möglichkeiten – die Kraft des Vorauswissens und damit die Kraft, künftige Möglichkeiten zu antizipieren – zweifellos bis zu einem gewissen Grade allen Menschen eigen, doch ist klar, daß sie stark voneinander abweichen und bei den meisten von uns sehr schwach entwickelt sind. Man kann sich eine oberhalb des Menschlichen liegende Seinsebene vorstellen, auf der sie in Vollkommenheit bestehen. Vollkommenes Vorauswissen der Zukunft wurde daher als göttliches Attribut angesehen, gemeinsam mit vollkommener Bewegungsfreiheit und vollkommener Nichtpassivität. Zum Übergang von physikalischer Ursache zum Reiz, zum Antrieb und zum Willen käme dann eine Vervollkommnung des Willens hinzu, die alle uns bekannten verursachenden Kräfte auf den vier Seinsstufen zu übertreffen vermag.

II

Der Übergang von der Passivität zur Aktivität ist ähnlich dem von der Notwendigkeit zur Freiheit und eng mit ihm verwandt. Es läßt sich leicht sehen, daß auf der Ebene der Materie nur die Notwendigkeit regiert. Dort gibt es nur unbelebte Materie, und anderes kann es nicht geben, keine Wahl, keine Möglichkeit, die natürlichen Gegebenheiten zu ‹entwickeln› oder auf andere Weise zu verändern. Die sogenannte Unbestimmtheit auf der Ebene der atomaren Teilchen ist lediglich eine andere Form, in der sich Notwendigkeit äußert, weil vollständige Notwendigkeit bedeutet, daß kein schöpferischer Grundsatz am Werke ist. Wie ich zuvor gesagt habe, ist sie der Null-Dimensionalität zuzuordnen, eine Art von Nichtigkeit, die im Extremfall bedeutet, daß es nichts selbst zu bestimmen gibt. Die ‹Freiheit› der Unbestimmtheit stellt tatsächlich das extreme Gegenstück zur

Freiheit dar: eine Art von Notwendigkeit, die lediglich als statistische Wahrscheinlichkeit verstanden werden kann. Auf der Ebene unbelebter Materie gibt es keinen ‹Innenraum›, in dem sich irgendwelche selbstbestimmenden Kräfte aktivieren ließen. Wie wir noch sehen werden, *ist der ‹Innenraum› der Ort der Freiheit.* Wir wissen wenig, wenn überhaupt etwas, über den ‹Innenraum› von Pflanzen, mehr über den von Tieren und weit mehr über den des Menschen: es ist der Raum der Person, der Schöpferkraft, der Freiheit. Innenraum wird durch die Kräfte des Lebens, des Bewußtseins und der Selbstreflexivität geschaffen. Unmittelbar und persönlich aber erfahren wir nur unseren eigenen ‹Innenraum› und die Freiheit, die er *uns* gewährt. Genauere Beobachtung zeigt uns, daß die Mehrzahl von uns meist mechanisch, maschinengleich handelt. Die spezifisch menschliche Fähigkeit zur Selbstreflexivität schlummert, und das Handeln des Menschen ist wie bei einem Tier – mit mehr oder weniger Intelligenz – ausschließlich eine Reaktion auf äußere Einflüsse. Erst wenn ein Mensch von seiner Fähigkeit zur Selbstreflexivität Gebrauch macht, dringt er zur Ebene einer Person, zur Ebene der Freiheit, vor. Von diesem Augenblick an erst lebt er, statt ‹gelebt zu werden›. Zwar gibt es noch zahlreiche Zwänge, die sich in der Vergangenheit angesammelt haben und sein Tun bestimmen. Doch ist eine kleine Bresche geschlagen, eine winzige Richtungsänderung vorgenommen. Möglicherweise ist sie kaum spürbar, aber viele Augenblicke der Selbstreflexivität können viele solcher Veränderungen hervorbringen und sogar eine Richtungsänderung bewirken.

Die Frage, ob der Mensch frei ist, ähnelt der Frage, ob er Millionär ist. Er ist nicht Millionär, kann aber einer werden. Er kann das Streben nach Reichtum zu seinem Ziel erklären. Ähnlich kann er das Streben nach Freiheit zu seinem Ziel erklären. In seinem ‹Innenraum› kann er ein Kraftzentrum entwickeln, so daß seine Freiheit zu handeln stärker ist als seine Zwänge. Man kann sich ein vollkommenes Wesen vorstellen, das stets und unveränderlich von seiner Fähigkeit zur Selbstreflexivität, die die

Kraft der Freiheit ist, im weitesten Maße Gebrauch macht, ohne von Zwang getrieben zu sein. Das wäre ein göttliches Wesen, eine allmächtige und höchste Kraft, eine vollkommene Einheit.

III

Aber es gibt auch einen deutlichen und unverkennbaren Übergang zur Ganzheit und inneren Geschlossenheit. Auf der Stufe der Materie gibt es keine Ganzheit. Leblose Materie läßt sich ohne Verlust an Wesen oder Gestalt teilen und unterteilen, weil auf dieser Ebene einfach nichts verlorengehen kann. Selbst auf der Stufe der Pflanze ist die innere Geschlossenheit so schwach, daß oft Teile der Pflanze, auch wenn sie abgeschnitten sind, als eigene Wesen weiterzuleben und sich zu entwickeln vermögen. Tiere hingegen sind Wesen weit größeren Zusammenhalts. Als biologisches System gesehen ist das höherentwickelte Tier eine Einheit, und Teile davon können eine Abtrennung nicht überleben. Auf der geistigen Ebene jedoch gibt es nur ein geringes Maß von Ganzheit, das heißt, selbst das höchstentwickelte Tier erreicht nur ein sehr bescheidenes Maß an Logik und Konsistenz. Sein Gedächtnis ist insgesamt schwach und sein Intellekt nur ansatzweise entwickelt.

Der Mensch verfügt offensichtlich über eine weit größere innere Geschlossenheit als jedes Lebewesen unter ihm, wenn ihm auch, wie die moderne Psychologie erkannt hat, diese nicht bei der Geburt verbindlich zugesichert werden kann, sondern das Streben nach ihr eine seiner Hauptaufgaben bleibt. Als biologisches System gesehen ist er in äußerst harmonischer Weise auf ein Ganzes hin angelegt. Auf der geistigen Ebene ist diese Ganzheit weniger vollkommen, läßt sich aber durch eine entsprechende Schulung stark verbessern. Als Person jedoch, als Lebewesen mit der Fähigkeit zur Selbstreflexivität, verfügt er im allgemeinen über ein so geringes Maß an Ganzheit, daß er sich als eine Ansammlung vieler verschiedener Persönlichkeiten erfährt, von denen jede ‹ich› sagt. Diese Erfahrung findet im Römerbrief des Apostels Paulus ihren klassischen Ausdruck:

«... Denn ich tue nicht, was ich will, sondern was ich hasse, das tue ich. ... So ich aber tue, was ich nicht will, so tue ich dasselbe nicht, sondern die Sünde, die in mir wohnt» (Römer 7, 15 und 27).

Wer Ganzheit sagt, meint die Schaffung einer inneren Geschlossenheit, eines Mittelpunktes der Kraft und Freiheit, so daß das Lebewesen aufhört, bloßes Objekt zu sein, auf das Kräfte von außen einwirken, und zu einem Subjekt wird, das aus seinem eigenen ‹Innenraum› auf den Raum außerhalb seiner einwirkt. Eine der bedeutendsten scholastischen Aussagen über diese *Schritte zur Ganzheit* findet sich in der *Summe wider die Heiden* des Thomas von Aquin:

«In allen Dingen nämlich halten die unbeseelten Körper den niedersten Platz, und in diesen können die Ausströmungen anders nicht sein als durch das Tatwirken des einen von ihnen in irgendeinen anderen. So nämlich wird aus dem Feuer Feuer erzeugt, indem vom Feuer ein außenstehender Körper verändert und zur Beschaffenheit und Artgestalt des Feuers hindurchgeführt wird. Unter den beseelten Körpern jedoch halten den nächsten Platz die Pflanzen, in denen das Ausströmen schon aus dem Inneren hervorgeht, will sagen, insoweit der innere Saft der Pflanze in den Samen umgewendet wird und dieser Same, der Erde anvertraut, zur Pflanze erwächst. Schon hier also wird die erste Stufe des Lebens gefunden. Denn lebend ist all das, was sich selbst zum Tatwirken bewegt, all das jedoch, was lediglich Äußeres zu bewegen vermag, ist überhaupt des Lebens bar. In den Pflanzen ist jedoch dieses das Anzeichen des Lebens, daß das, was in ihnen ist, zu irgendeiner Form hin bewegt. Dennoch ist das Leben der Pflanzen unvollkommen, weil das Ausströmen bei ihnen zwar vom Inneren ausgeht, das jedoch, was ausströmt, allmählich aus dem Inneren herausgeht und schließlich überhaupt draußen gefunden wird. Der

Saft des Baumes nämlich tritt zuerst aus dem Baume heraus und wird zur Blüte und endlich zu der von der Rinde des Baumes abgeschiedenen, ihm aber verbundenen Frucht. Nach Vervollkommnung der Frucht wird diese jedoch vom Baume ganz und gar abgesondert und bringt zur Erde fallend durch die Saatwirkkraft eine andere Pflanze hervor. Wenn man überdies sorgfältig betrachtet, wird der erste Urgrund dieses Ausströmens von Außenstehendem her genommen, denn der innerliche Saft des Baumes wird durch die Wurzeln aus der Erde genommen, von der die Pflanze die Nahrung aufnimmt.

Jenseits des Lebens der Pflanzen aber wird eine höhere Stufe des Lebens gefunden, die gemäß der sinnempfindungsfähigen Seele ist. Und deren eigentliches Ausströmen wird, obschon es von Außenstehendem her beginnt, in Innerem geendigt, und je mehr das Ausströmen fortgeschritten ist, desto mehr zum Innersten kommt man. Das äußere Sinnfällige nämlich führt seine Form in die äußeren Sinne hinein, von denen es in die Einbildung ausgeht und weiterhin in die Schatzkammer des Gedächtnisses. In einem jeden beliebigen Vorgang dieses Ausströmens jedoch gehören Anfang und Ende Verschiedenem zu. Nicht wird nämlich irgendein sinnempfindungsfähiges Vermögen in sich selbst zurückgebogen. Es ist also diese Stufe des Lebens um so höher denn das Leben der Pflanzen, je mehr im Innern die Verrichtung dieses Lebens zusammengehalten bleibt; nicht jedoch ist sie das überhaupt vollkommene Leben, da das Ausströmen immer von einem ins andere geschieht.

Es ist mithin die höchste und vollkommene Stufe des Lebens die, die gemäß dem Verstande ist. Denn der Verstand wird in sich selbst zurückgebogen und vermag sich selbst zu verstehen. Auch im verstandesmäßigen Leben aber werden verschiedene Stufen gefunden. Denn obschon der menschliche Verstand sich selbst zu erkennen vermag, nimmt er dennoch den ersten Anfang seiner Erkenntnis von Außenstehendem her, weil ohne ein Vorstellungsgebilde nicht zu verstehen ist, . . . Vollkommener ist mithin das verstandesmäßige Leben in den Engeln, in denen der Verstand zur Erkenntnis seiner selbst nicht aus irgendeinem Außenstehenden hervorgeht, sondern durch sich sich selbst erkennt. Noch nicht rührt jedoch ihr Leben an die letzte Vollkommenheit, . . . und zwar weil in ihnen Verstehen und Sein nicht dasselbe ist. . . . Die letzte Vollkommenheit des Lebens mithin steht Gott zu, in dem . . . das Verstehen nicht eines und das Sein ein anderes ist . . .»[1]

Diese Aussage, so wenig vertraut ihre Argumentationsweise dem modernen Leser vielleicht auch ist, macht sehr deutlich, daß ‹höher› stets: ‹innerlicher›, ‹tiefer›, ‹vertrauter›, und ‹niedriger› jeweils: ‹äußerlicher›, ‹seichter› und ‹unvertrauter› bedeutet und in sich schließt. Diese Synonymität läßt sich in vielen Sprachen, vielleicht in allen, finden.

Je ‹innerlicher› etwas ist, desto weniger sichtbar ist es vermutlich. Der *Übergang* von der Sichtbarkeit zur Unsichtbarkeit ist lediglich ein weiterer Aspekt der großen Hierarchie von Seinsstufen. Man braucht nicht lange dabei zu verweilen. Augenscheinlich beziehen die Begriffe ‹Sichtbarkeit› und ‹Unsichtbarkeit› sich nicht nur auf den Gesichtssinn, sondern auf alle Sinne äußerlicher Wahrnehmung. Die Kräfte des Lebens, des Bewußtseins und der Selbstreflexivität, die bei der Untersuchung der vier Seinsstufen in den Vordergrund treten, sind alle gänzlich unsichtbar, farb- und lautlos, haben keine ‹Haut›, keinen Geschmack oder Geruch und können sich weder ausdehnen noch haben sie Gewicht. Wer aber würde leugnen, daß sie das darstellen, worum es uns vorrangig geht? Wenn ich ein Samentütchen kaufe, will ich vor allem, daß sein Inhalt lebt und nicht tot ist, und eine bewußtlose Katze ist, obwohl sie noch lebt, für mich erst dann eine wirkliche Katze, wenn sie ihr Bewußtsein wiedererlangt hat. Die Unsichtbarkeit des Menschen wurde von Maurice Nicoll eindringlich beschrieben:

«Wir alle können den Leib eines anderen Menschen unmittelbar sehen. Wir sehen, wie die Lippen sich bewegen, die Augen sich öffnen und schließen, die Linien des Mundes und die Züge des Gesichts sich ändern und der Körper sich als ein tätiges Ganzes ausdrückt. Die Person *selbst* ist unsichtbar ...

Ließe die unsichtbare Seite von Menschen sich so leicht erkennen wie die sichtbare, würden wir in einer *neuen Menschheit* leben. Wie die Dinge liegen, leben wir in einer sichtbaren Menschheit, einer Menschheit des *Scheins* ...

All unsere Gedanken, Empfindungen, Gefühle, Vorstellungen, Träume, Wunschvorstellungen und Phantasien sind *unsichtbar.* All das ist Teil unseres Planens, Wirkens, Ehrgeizes, unserer Geheimnisse, Hoffnungen, Befürchtungen, Zweifel, Wirrnisse, unserer Stimmungen, Erwägungen, Bedenken, Ungewißheiten, geistigen Leere, unserer Wünsche, Sehnsüchte, Begehrlichkeiten, inneren Erregungen, unserer Vorlieben, Abneigungen, dessen, was uns anzieht und abstößt, was wir lieben und hassen – sie alle sind selbst unsichtbar. Sie stellen ‹man selbst› dar.»[2]

Nicoll beharrt auf seiner Aussage, daß all das, auch wenn es offen zutage zu liegen scheint, keineswegs offenbar ist:

«Es ist äußerst schwer zu erfassen ...

Wir begreifen nicht, daß wir unsichtbar sind. Wir sind uns nicht darüber klar, daß wir uns in einer Welt unsichtbarer Menschen befinden. Wir verstehen nicht, *daß das Leben vor allem ein Drama des Sichtbaren und des Unsichtbaren ist.*»[3]

Es gibt die Außenwelt, in der die Dinge sichtbar, das heißt unseren Sinnen unmittelbar zugänglich sind, und es gibt den ‹Innenraum›, in dem die Dinge unsichtbar, das heißt uns nicht unmittelbar zugänglich sind, außer soweit sie uns selbst betreffen. Dieser zentrale Punkt wird uns in einem späteren Kapitel noch ausführlich beschäftigen.

Der Übergang von der vollständig sichtbaren unbelebten Materie zur weitgehend unsichtbaren Person weist auf die Seinsstufen oberhalb des Menschen hin, die dementsprechend für unsere Sinne vollständig unsichtbar wären, so wie uns am anderen Ende der Skala, auf der Ebene der Materie, alles vollständig sichtbar ist. Es braucht uns nicht zu überraschen, daß den größten Teil der Menschheitsgeschichte hindurch die meisten Menschen stillschweigend an die Wirklichkeit dieser Projektion geglaubt haben. Sie sind stets davon ausgegangen, daß wir, ebenso wie wir lernen können, in die Unsichtbarkeit der Personen um uns herum hineinzu-‹sehen›, auch Fähigkeiten entwickeln können, die gänzlich unsichtbaren Wesen auf Ebenen oberhalb der unsrigen zu ‹sehen›.

(Als jemand, der philosophische Karten liest, bin ich gehalten, diese wichtigen Dinge auf meiner Karte aufzuführen, so daß man sehen kann, wohin sie gehören und wie sie mit anderen, vertrauteren Dingen zusammenhängen. Ob ein Leser, Reisender oder Pilger sie zu erforschen wünscht, ist seine Sache.)

IV

Der Grad an Ganzheit, an innerer Geschlossenheit und Stärke steht in enger Verbindung zu der Art von ‹Welt›, die sich für Lebewesen auf verschiedenen Ebenen manifestiert. Für unbelebte Materie gibt es keine ‹Welt›. Ihre gänzliche Passivität spiegelt die völlige Leere ihrer Welt. Eine Pflanze hat eine eigene ‹Welt› – ein Stück Boden, etwas Wasser, Luft, Licht und vielleicht weitere Einflußmöglichkeiten. Es ist eine auf ihre bescheidenen biologischen Bedürfnisse begrenzte ‹Welt›. Die Welt eines der höheren Tiere ist unvergleichlich größer und reicher, auch wenn sie noch im wesentlichen von biologischen Bedürfnissen bestimmt wird, wie Untersuchungen der modernen Tierpsychologie deutlich gezeigt haben. Es gibt darüber hinaus aber auch noch so etwas wie Neugier, die die Welt des Tieres über die engen biologischen Grenzen hinaus erweitert.

Die Welt des Menschen ist wiederum unvergleichlich weiter und reicher als diese. In der herkömmlichen Philosophie wird sogar behauptet, der Mensch sei *capax universi*, fähig, das gesamte All in die Reichweite seiner Erfahrung zu bringen. Was jemand tatsächlich erfaßt, hängt von seiner jeweiligen Seinsstufe ab. Je ‹höher› die Person steht, desto reicher und größer ist ihre Welt. Ein beispielsweise gänzlich auf die Philosophie der materialistischen Wissenschaft fixierter Mensch, der die Wirklichkeit des ‹Unsichtbaren› leugnet und seine Aufmerksamkeit ausschließlich auf das beschränkt, was sich zählen, messen und wägen läßt, lebt in einer sehr armen, einer so armen Welt, daß er sie als eine sinnlose, für Menschen unbewohnbare Wüste erfahren wird. Ebenso muß er, wenn er sie nur als einen ‹zufälligen Zusammenprall von Atomen› ansieht, unbedingt mit Bertrand Russell darin übereinstimmen, daß die einzige Vernunfthaltung die einer ‹unnachgiebigen Verzweiflung› ist.

Gurdjieff hat zu seinen Schülern gesagt: «Eure Seinsstufe zieht euer Leben an sich.» Hinter dieser Aussage stecken keine okkulten oder unwissenschaftlichen Annahmen. Auf einer niedrigen Seinsstufe findet sich nur eine sehr ärmliche Welt und läßt sich nur ein sehr ärmliches Leben führen. Das Universum ist, was es ist. Wer sich aber, obwohl *capax universi*, auf ihre niedrigsten Ebenen beschränkt – auf seine biologischen Bedürfnisse, seine kreatürlichen Annehmlichkeiten oder seine zufälligen Begegnungen – wird unvermeidlich ein elendes Leben ‹an sich ziehen›. Vermag er nichts anzuerkennen als den ‹Kampf ums Dasein› und den ‹Willen zur Macht›, die jeweils durch List und Tücke verstärkt werden müssen, wird auf seine ‹Welt› die Beschreibung Hobbes' vom menschlichen Leben als ‹einsam, armselig, häßlich, brutal und kurz› passen.

Je höher die Seinsstufe ist, desto größer, reicher und wunderbarer ist die Welt. Wenn wir erneut über die Stufe des Menschen hinaus extrapolieren, können wir verstehen, warum das Göttliche nicht nur einfach als *capax universi* angesehen wurde, sondern daß es das *universum* tatsächlich in vollkommener Weise besaß, Kenntnis von allem darin hatte, allwissend war – «Verkauft man nicht fünf Sperlinge um zwei Pfennige? Dennoch ist vor Gott deren nicht eines vergessen» (Lukas 12, 6).

Wenn wir die ‹vierte Dimension› – die Zeit – einbeziehen,

ergibt sich ein ähnliches Bild. Auf der niedrigsten Stufe gibt es Zeit nur im Sinne von Dauer. Mit Bewußtsein begabte Geschöpfe kennen Zeit im Sinne von Erfahrung; diese aber ist auf die Gegenwart beschränkt, außer da, wo die Vergangenheit durch (die eine oder andere Art von) Gedächtnis vergegenwärtigt wird. Auch die Zukunft wird vergegenwärtigt, durch Voraussicht (und auch hier gibt es möglicherweise mehrere unterschiedliche Arten). Je höher die Seinsstufe, desto ‹breiter› ist sozusagen die Gegenwart, desto mehr faßt sie von dem in sich, was auf unteren Seinsstufen Vergangenheit und Zukunft ist. Auf der höchsten vorstellbaren Seinsstufe gäbe es das *‹ewige Jetzt›*. So etwas könnte auch an folgender Stelle in der Offenbarung (10, 5 und 6) gemeint sein:

«Und der Engel, den ich sah stehen auf dem Meer und auf der Erde, hob seine Hand auf gen Himmel und schwur bei dem Lebendigen von Ewigkeit zu Ewigkeit, der den Himmel geschaffen hat und was darin ist, und die Erde und was darin ist, und das Meer und was darin ist, daß hinfort keine Zeit mehr sein soll.»

V

Eine nahezu unbegrenzte Anzahl weiterer ‹Übergänge› ließe sich den bereits beschriebenen hinzufügen, das aber ist nicht der Zweck dieses Buches. Der Leser ist gewiß in der Lage zu ergänzen, was ihm von besonderer Wichtigkeit scheint. Möglicherweise beschäftigt er sich mit der Frage der ‹letzten Gründe›. Ist es gerechtfertigt, ein bestimmtes Phänomen teleologisch, das heißt zielgerichtet, zu erklären oder auch nur zu beschreiben? Es wäre lächerlich, eine solche Frage zu beantworten, ohne auf die Seinsstufe einzugehen, auf der sich die Erscheinung abspielt. Zu leugnen, daß es teleologisches Handeln auf der menschlichen Ebene gibt, wäre ebenso töricht, als wollte man es auf der Stufe unbelebter Materie als gegeben ansehen. Mithin gibt es keinen

Grund zu der Annahme, es ließen sich keine Spuren oder Reste teleologischen Handelns auf den dazwischenliegenden Stufen finden.

Die vier großen Seinsstufen sind einer auf den Kopf gestellten Pyramide vergleichbar, wobei die jeweils höhere Stufe alles unter ihr Liegende in sich schließt und Einflüssen von allem, was über ihr liegt, geöffnet ist. Alle vier Stufen sind im Menschen angelegt und können, wie wir bereits gesehen haben, durch den Ausdruck beschrieben werden:

$$\text{Mensch} = m + x + y + z$$
$$= \text{Materie} + \text{Leben} + \text{Bewußtsein} + \text{Selbstreflexivität}.$$

Es überrascht nicht, daß in vielen Lehren der Mensch vier ‹Leiber› hat, nämlich

den körperhaften Leib (entsprechend *m*),
den Ätherleib (entsprechend *x*),
den Astralleib (entsprechend *y*) und
das ‹Ich›, das Ego oder das Selbst
oder den Geist (entsprechend *z*).

Im Licht unseres Verständnisses von den vier großen Seinsstufen werden solche Beschreibungen des Menschen als eines vierfachen Wesens leicht verständlich. In einigen Lehren wird $m + x$ zusammengefaßt – der lebende Leib (weil ein unbelebter Leib von keinerlei Interesse ist), und daher sprechen sie vom Menschen als einem dreifachen Wesen, das aus dem Körper ($m + x$), der Seele *(y)* und dem Geist *(z)* besteht. In dem Maße, in dem die Menschen sich immer mehr der sichtbaren Welt zuwandten, wurde es schwieriger, die Unterscheidung zwischen Seele und Geist aufrechtzuerhalten, so daß man dazu überging, sie ganz fallenzulassen. Daher wurde der Mensch als ein aus Körper und Seele bestehendes Wesen dargestellt. Mit dem Aufstieg der materialistischen Wissenschaftsgläubigkeit verschwand schließlich auch die Seele aus der Beschreibung des Menschen – wie konnte es sie geben, wenn sie sich weder wägen noch messen ließ? – außer als einer der vielen seltsamen Nebenerscheinungen von komplexen Anordnungen von Atomen und Molekülen. Warum sollte man nicht die sogenannte ‹Seele› – eine Ansammlung überraschender Kräfte –

als *Epiphänomen* der Materie annehmen, ebenso wie man beispielsweise den Magnetismus als ein solches angenommen hat? Man sah das All nicht mehr als große hierarchische Struktur oder Seinskette an, sondern einfach als «Ergebnis eines zufälligen Zusammenpralls von Atomen». Der Mensch, den man üblicherweise als den Mikrokosmos verstanden hatte, der den Makrokosmos widerspiegelt (das heißt den Bau des Alls), wurde nicht mehr als ein *kosmos* gesehen, als sinnvolle, wenn auch geheimnisvolle Schöpfung. Wenn der große Kosmos als nichts anderes denn ein Chaos von zweck- und bedeutungslosen Teilchen betrachtet wird, dann kann man auch den Menschen nur als ein ebensolches Chaos betrachten – gewiß ein Chaos, das Schmerz, Angst und Verzweiflung zu empfinden und zu erleiden vermag, aber dennoch ein Chaos (ob ihm das gefällt oder nicht) – ein ziemlich unglücklicher und gänzlich bedeutungsloser kosmischer Zufall.

So sieht das Bild aus, das die moderne materialistische Wissenschaftsgläubigkeit anbietet, und die einzige Frage ist: Stellt es sinnvoll das dar, was wir wirklich erfahren? Diese Frage muß jeder für sich selbst entscheiden. Diejenigen, die voller Ehrfurcht und Bewunderung, voll Staunen und auch voll Ratlosigkeit die vier großen Seinsstufen betrachten, sind sicher nicht leicht davon zu überzeugen, daß es nur viel oder wenig gibt, das heißt Ausdehnung in der Horizontalen. Sie werden es nicht fertigbringen, ihren Sinn vor ‹höher› oder ‹niedriger› zu verschließen, das heißt, gegenüber vertikalen Abstufungen und Diskontinuitäten. Wenn sie dann meinen, der Mensch sei etwas *Höheres* als jegliche noch so komplexe Anordnung unbelebter Materie und etwas *Höheres* als die Tiere, wie weit auch immer diese entwickelt sind, werden sie ihn auch als ‹unbegrenzt entwicklungsfähig› ansehen. Zwar nicht bis zur höchsten Stufe, aber doch mit einem Potential ausgestattet, das bis zur Vollkommenheit führen kann. Das ist die wichtigste Einsicht aus der Betrachtung der vier großen Seinsstufen: auf der Stufe des Menschen gibt es keine erkennbare Grenze in der Horizontalen oder Vertikalen. Selbstreflexivität, die den Unterschied zwischen Tier und Mensch ausmacht, ist eine Kraft, die Unbegrenztes ermöglicht, die nicht nur den Menschen zum Menschen macht, sondern ihm auch die Möglichkeit, ja sogar die Notwendigkeit vermittelt, über-menschlich zu werden. Wie die Scholastiker zu sagen pflegten: «Homo non proprie humanus sed superhumanus est», und das heißt, um wirklich Mensch zu sein, muß man über das bloß Menschliche hinausschreiten.

II
Wege des Erkennens

«Die alte Wissenschaft – ‹Weisheit› oder ‹verstehendes Wissen› – war in erster Linie auf ‹das höchste Gut› gerichtet, d. h. das Schöne, Wahre und Gute, deren Kenntnis Glück und Rettung bringen sollte. Die neue Wissenschaft war unmittelbar auf die Erreichung materieller Macht gerichtet. Die alte Wissenschaft betrachtete die Natur als Gottes Werk und als Mutter des Menschen; die neue Wissenschaft sieht sie als einen zu besiegenden Gegner oder einen auszubeutenden Steinbruch an.»

Was setzt den Menschen in den Stand, überhaupt etwas von der Welt um sich herum zu wissen? Plotin (um 205 bis 270) sagte: «Wissen verlangt das dem Objekt angemessene Organ.» Nichts läßt sich wissen, wenn nicht der, der weiß, über ein passendes ‹Instrument› verfügt. Das ist die Große Wahrheit der *adaequatio*, die Wissen als *adaequatio rei intellectus* definiert: das Verstehen dessen, der weiß, muß mit dem zu Wissenden in Einklang stehen, ihm *adäquat* sein.

Von Plotin auch stammt der berühmte Ausspruch: «. . . kein Auge könnte je die Sonne sehen, wäre es nicht sonnenhaft; so sieht auch keine Seele das Schöne, welche nicht schön geworden ist.» (Enn. I 6,9) Der Platoniker John Smith (1618 bis 1652) sagte: «Was uns befähigt, in allem, was göttlich ist, zu wissen und richtig zu verstehen, muß ein lebendiges Prinzip der Heiligkeit in uns sein.» Dem können wir die Aussage Thomas von Aquins (1225 bis 1274) hinzufügen: «Wissen tritt in dem Maße auf, wie das Gewußte im Innern des Wissenden vorhanden ist.»

Wir haben bereits gesehen, daß der Mensch in gewisser Hinsicht die vier großen Seinsstufen *umfaßt.* Daher gibt es ein bestimmtes Maß an Entsprechung oder ‹Konnaturalität› zwischen dem Bau des Menschen und dem der Welt. Die Vorstellung ist sehr alt und fand gewöhnlich darin ihren Ausdruck, daß der Mensch als ‹Mikrokosmos› bezeichnet wurde, der in gewisser Weise dem ‹Makrokosmos› Welt entspricht. Er ist ein physikalisch-chemisches System, wie die übrige Welt, und verfügt über die unsichtbaren und geheimnisvollen Kräfte des Lebens, des Bewußtseins und der Selbstreflexivität, die er teilweise oder vollständig in vielen Wesen um sich herum erkennen kann.

Unsere fünf Sinne bringen uns in ‹Übereinstimmung› mit der niedrigsten Seinsstufe – der unbelebten Materie. Sie können aber nicht mehr liefern als Mengen von Sinneswahrnehmungen, zu deren ‹sinnvoller› Deutung wir Fähigkeiten oder Gaben einer anderen Art brauchen. Wir können sie ‹intellektuelle Wahrnehmungen› nennen. Ohne sie wären wir nicht fähig, Formen, Muster, Regelmäßigkeit, Harmonie, Rhythmus und Bedeutung zu erkennen, ganz zu schweigen von Leben, Bewußtsein und Selbstreflexivität. Lassen die körperlichen Sinne sich als vergleichsweise passiv beschreiben, als bloße Empfänger dessen, was gerade geschieht, die weitgehend vom Verstand gesteuert werden, vertreten die intellektuellen Wahrnehmungen den *tätigen Geist*, und ihre Schärfe und Reichweite sind Eigenschaften des Geistes selbst. Was die körperlichen Sinne angeht, so sind alle gesunden Menschen in überaus ähnlicher Weise damit ausgestattet. Niemand aber könnte wohl die Tatsache übersehen, daß es bedeutende Unterschiede in der Kraft und der Reichweite des Intellekts der Menschen gibt. Es wäre mithin gänzlich unrealistisch, mit Bezug auf die intellektuellen Wahrnehmungen die Fähigkeiten des ‹Menschen› als solchen definieren und eingrenzen zu wollen – als wären alle Menschen weitgehend gleich, wie Tiere derselben Gattung. Beethovens Musikalität war, selbst in seiner Taubheit, unvergleichlich größer als meine, und der Unterschied lag nicht im Gehörsinn; er lag im Intellekt. Einige Menschen können ein bestimmtes Musikstück nicht erfassen und würdigen, nicht, weil sie taub wären, sondern weil ihrem Intellekt die entsprechende *adaequatio* fehlt. Der Gehörsinn empfängt nicht mehr als eine Folge von Tönen; die Musik wird durch intellektuelle Kräfte erfaßt. Einige Menschen besitzen diese Kräfte in solchem Maße, daß sie eine ganze Symphonie erfassen und in ihrem Gedächtnis bewahren können, nachdem sie sie nur einmal gehört oder die Partitur nur einmal gesehen haben. Andere hingegen sind so wenig begabt, daß sie sie überhaupt nicht aufzunehmen vermögen, ganz gleich, wie oft und wie aufmerksam sie sie anhören. Für die ersteren ist die Symphonie so wirklich, wie sie für den Komponisten war, für die letzteren gibt es keine Symphonie: es gibt lediglich eine Folge von mehr oder weniger angenehmen, auf jeden Fall aber völlig bedeutungslosen Geräuschen. Der Intellekt der Erstgenannten *stimmt* mit der Symphonie *überein*, der der Letztgenannten *stimmt nicht* damit *überein* und ist mithin unfähig, die Existenz der Symphonie zu erkennen. Dasselbe gilt für den weiten Bereich möglicher und tatsächlicher menschlicher Erfahrung. Für jeden von uns ‹gibt es› nur die Tatsachen und Erscheinungen, für die wir die *adaequatio* besitzen. Ebenso, wie wir nicht das Recht haben anzunehmen, daß wir von vornherein mit allem, jederzeit und in jedem beliebigen Zustand, in dem wir uns gerade befinden, übereinstimmen, haben wir nicht das Recht darauf zu beharren, daß etwas uns Unzugängliches überhaupt nicht existiert und lediglich in der Vorstellung anderer Menschen als Trugbild erscheint.

Es gibt physikalische Tatsachen, die von den körperlichen Sinnen aufgenommen werden. Es gibt aber auch nicht-physikalische Tatsachen, die so lange unbemerkt bleiben, bis die Wahrnehmung der Sinne von gewissen ‹höheren› Fähigkeiten des Geistes gesteuert und ergänzt wird. Einige dieser nicht-physikalischen Tatsachen stellen ‹Bedeutungsstufen› dar, um einen von G. N. M. Tyrrell geprägten Begriff zu benutzen, der ihn wie folgt illustriert:

«Nehmen wir beispielsweise ein Buch. Für ein Tier ist ein Buch lediglich eine farbige Form. Jede höhere Bedeutung, die ein Buch vielleicht hat, geht über seinen Horizont hinaus. Das Buch aber *ist* eine farbige Form, das Tier hat nicht unrecht. Einen Schritt weiter kann ein ungebildeter Wilder ein Buch durchaus als eine Reihe von Zeichen auf Papier ansehen. Das ist das Buch, wie es auf einer höheren Bedeutungsebene als der des Tieres gesehen wird, die zugleich der Denkebene des Wilden entspricht. Auch das ist wiederum nicht falsch, aber das Buch *kann* mehr bedeuten. Es kann eine Reihe von Buchstaben bedeuten, die bestimmten Regeln entsprechend angeordnet sind. Das ist das Buch auf einer höheren Bedeutungsstufe als der des Wilden . . . Oder letztlich, auf einer noch höheren Stufe, kann das Buch Träger von Bedeutung sein . . .»[1]

In all diesen Fällen sind die ‹Sinneseindrücke› dieselben, die dem Auge gelieferten Tatsachen identisch. Nicht aber das

Auge, sondern nur der Intellekt kann über die ‹Bedeutungsstufe› entscheiden. Wenn die Leute sagen: «Die Tatsachen sollen für sich selbst sprechen», vergessen sie, daß die Sprache der Tatsachen nur dann eine Wirkung hat, wenn sie gehört und verstanden wird. Man glaubt, es sei einfach, zwischen Tatsache und Theorie, zwischen Wahrnehmung und Deutung zu unterscheiden. In Wirklichkeit ist das äußerst schwierig. Wenn man den Vollmond gerade über dem Horizont gegen die Umrisse einiger Bäume oder Gebäude sieht, erscheint er als eine Scheibe, die so groß ist wie die Sonne; der Vollmond gerade über dem Kopf des Menschen sieht hingegen recht klein aus. Welche Abbilder des Mondes empfängt das Auge tatsächlich? Sie sind in beiden Fällen genau gleich. Und dennoch, selbst wenn man weiß, daß das so ist, läßt der Geist es nicht ohne weiteres zu, daß man die beiden Scheiben als gleich groß sieht. «Die Wahrnehmung wird also nicht durch das Reizmuster allein bestimmt», schreibt R. L. Gregory in *Auge und Gehirn*; «sie ist eher ein dynamisches Suchen nach der besten Interpretation der jeweils verfügbaren Daten.»[2] Dies Suchen bedient sich nicht nur der von den Sinnen gelieferten Information, sondern auch anderen Wissens und anderer Erfahrung, obwohl es Gregory zufolge schwer zu beantworten ist, wie weit gerade Erfahrung die Wahrnehmung beeinflußt. Kurz gesagt ‹sehen› wir nicht einfach mit unseren Augen, sondern zugleich mit einem großen Teil unseres geistigen Apparates. Da aber dieser geistige Apparat sich von Mensch zu Mensch stark unterscheidet, gibt es unvermeidlich eine Reihe von Dingen, die einige Menschen ‹sehen› können, während das anderen nicht möglich ist, was auf ihre unterschiedliche ‹*adaequatio*› zurückzuführen ist.

Wenn die Ebene dessen, der weiß, nicht mit der Stufe (oder Bedeutungsebene) des Gegenstandes übereinstimmt, der gewußt werden soll, ist das Ergebnis nicht ein faktischer Irrtum, sondern etwas weit Ernsthafteres: eine unangemessene und eingeengte Sicht der Wirklichkeit. G. N. M. Tyrrell führt sein Beispiel wie folgt weiter:

«Nehmen wir an, ein Buch sei in die Hände intelligenter Wesen gefallen, die nicht wissen, was Schreiben und Drukken bedeuten, wohl aber den Umgang mit den äußeren Zusammenhängen der Dinge gewohnt sind. Sie versuchen, die ‹Gesetze› des Buches festzustellen, die für sie die herrschenden Grundsätze sind, nach denen die Buchstaben angeordnet sind . . . Sie werden annehmen, daß sie die Gesetze des Buches entdeckt haben, wenn sie bestimmte Regeln formuliert haben, die die äußerlichen Zusammenhänge der Buchstaben bestimmen. Daß jedes Wort und jeder Satz eine Bedeutung ausdrückt, wird ihnen nie in den Sinn kommen, weil ihr gedanklicher Hintergrund aus Vorstellungen besteht, die sich nur mit äußerlichen Zusammenhängen beschäftigen, und weil erklären für sie bedeutet, das Rätsel dieser äußerlichen Beziehung zu lösen . . . Ihre Verfahren werden niemals zu der Stufe vordringen, auf der die Vorstellung von Sinn enthalten ist.»[3]

So wie die Welt eine hierarchische Struktur ist, bei der man sinnvollerweise zwischen ‹höher› und ‹niedriger› unterscheiden kann, so bilden auch die Sinne, Organe, Kräfte und sonstige ‹Instrumente›, durch die der Mensch etwas wahrnimmt und Wissen von der Welt gewinnt, eine hierarchische Struktur von ‹höher› und ‹niedriger›. «Wie oben, so auch unten», sagten die Alten: der Welt außerhalb von uns entspricht in gewisser Weise eine Welt in uns. Und ebenso wie die höheren Stufen in der Welt seltener, eher die Ausnahme sind als die niederen – unbelebte Materie gibt es überall, Leben ist nur spärlich, Bewußtsein ist vergleichsweise selten und Selbstreflexivität die große Ausnahme –, so verhält es sich auch mit den Fähigkeiten der Menschen. Die niedrigsten Fähigkeiten, wie Sehen und Zählen, eignen jedem durchschnittlichen Menschen, während die höheren Fähigkeiten, wie zum Beispiel die, deren man zur Wahrnehmung und zum Erfassen der subtileren Aspekte der Wirklichkeit bedarf, in immer geringerer Zahl zu Gebote stehen, je höher wir auf der Leiter steigen.

Die Gaben der Menschen sind ungleich verteilt. Diese

Ungleichheit ist aber wahrscheinlich von weit geringerem Gewicht als die Unterschiede in den Interessen und in dem, was G. N. M. Tyrrell den «geistigen Hintergrund» nennt. Den intelligenten Wesen in G. N. M. Tyrrells Allegorie fehlte im Hinblick auf das Buch *adaequatio*, weil sie von der Annahme ausgingen, die ‹äußerlichen Beziehungen der Buchstaben› seien alles, worauf es ankam. Sie waren, was wir wissenschaftliche Materialisten nennen müßten, die davon überzeugt sind, daß die objektive Wirklichkeit auf das begrenzt ist, was tatsächlich beobachtbar ist, und die von einer systematischen Abneigung gegen die Erkenntnis höherer Ebenen oder Bedeutungsstufen beherrscht werden.

Die Bedeutungsstufe, auf die ein Beobachter oder Forscher sich einzustellen trachtet, wird nicht von seiner Intelligenz bestimmt, sondern von seinen Überzeugungen. An den Tatsachen, die er beobachtet, ist kein Etikett angebracht, dem man entnehmen könnte, welche Stufe der Betrachtung ihnen angemessen sei. Auch führt die Wahl einer inadäquaten Ebene nicht zu faktischen Irrtümern oder logischen Widersprüchen. Alle Bedeutungsstufen *bis hinauf* zur adäquaten Stufe – das heißt für das Beispiel des Buches bis zu der Stufe, auf der sich sinnvolle Bedeutung einstellt – sind gleichermaßen tatsachenbezogen, logisch und objektiv, aber nicht gleichermaßen *wirklich.*

Die Wahl der Ebene meines Forschens ist ein Glaubensakt. Daher der Ausdruck ‹credo ut intelligam› – ich glaube, um zu verstehen. Fehlt mir der Glaube und wähle ich mithin eine inadäquate Bedeutungsstufe für mein Forschen, wird kein Maß an ‹Objektivität› mich jemals davor bewahren, den Kern der ganzen Sache zu verfehlen, so daß ich mich gerade der Möglichkeit zu verstehen beraube. Ich werde dann einer von jenen sein, über die gesagt wurde: «Denn mit sehenden Augen sehen sie nicht, und mit hörenden Ohren hören sie nicht; denn sie verstehen es nicht.»[4]

Kurz, wenn jemand sich mit etwas beschäftigt, das auf einer höheren Bedeutungs- oder Seinsstufe liegt als die unbelebte Materie, dann ist er nicht nur von der Adäquatheit seiner eigenen höheren Fähigkeiten abhängig, die er vielleicht durch Lernen und Üben ‹entwickelt› hat, sondern auch von der adäquaten Stufe seines ‹Glaubens› oder, um es in herkömmlicherer Form zu sagen, von seinen grundlegenden Voraussetzungen und Annahmen. In dieser Hinsicht ist er im allgemeinen durchaus ein Kind seiner Zeit und der Kultur, in der er die entscheidend prägenden Jahre seines Lebens verbracht hat. Denn der Verstand des Menschen denkt, allgemein gesprochen, nicht so ohne weiteres: er denkt mit Vorstellungen, von denen er die meisten einfach aus der umgebenden Gesellschaft übernommen und sich angeeignet hat.

Nichts ist schwieriger, als sich der stillschweigenden Voraussetzungen des eigenen Denkens kritisch bewußt zu werden. Alles läßt sich unmittelbar sehen, mit Ausnahme des Auges, durch das wir sehen. Jeder Gedanke kann unmittelbar überprüft werden, außer dem Gedanken, mit dem wir prüfen. Eine besondere Anstrengung, nämlich Selbstreflexivität, ist erforderlich – diese nahezu unmögliche Leistung des Denkens, sich auf sich selbst zurückzuwenden: nahezu, aber nicht ganz unmöglich. Das ist die Kraft, die den Menschen zum Menschen macht und ihn zugleich befähigt, die Grenzen seines Menschseins zu überschreiten. Sie liegt in dem, was die Bibel die ‹inneren Kräfte› des Menschen nennt. Wie schon erwähnt, entspricht innen ‹höher› und außen ‹niedriger›. Die Sinne sind die äußerlichsten Werkzeuge des Menschen. «. . . mit sehenden Augen sehen sie nicht, und mit hörenden Ohren hören sie nicht» ist ein Fall, bei dem der Mangel nicht in den Sinnen liegt, sondern in der inneren Anteilnahme – «denn dieses Volkes Herz ist verstockt»; sie müßten «verständig werden im Herzen»[5]. Nur durch das ‹Herz› läßt sich eine Verbindung zu den höheren Bedeutungs- und Seinsstufen herstellen.

Wer der materialistischen Wissenschaftsgläubigkeit der Moderne anhängt, wird unmöglich verstehen können, was das bedeutet. Er glaubt an nichts Höheres als den Menschen, und er sieht im Menschen nichts als ein vergleichsweise hochentwickeltes Tier. Er besteht darauf, daß Wahrheit sich nur mit Hilfe des Gehirns entdecken läßt, das seinen Sitz im Kopf und nicht im Herzen hat. All das bedeutet, daß ‹verständig werden im Herzen› für ihn eine sinnlose Wortzusammenstellung ist und sonst nichts. Von seinem Standpunkt aus gesehen hat er durchaus recht: das Gehirn, das seinen Sitz im Kopf hat und durch die körperlichen Sinne mit Daten versorgt wird, ist vollständig adäquat, wenn es um die Behandlung toter Materie geht, der niedrigsten der vier großen Seinsstufen. Sein Funktionieren würde nur gestört, möglicherweise sogar nachhaltig, wenn das ‹Herz› sich auf irgendeine Weise einmischte. Als Anhänger der materialistischen Wissenschaft glaubt er, daß Leben, Bewußtsein und Selbstreflexivität nichts als Manifestationen komplexer Anordnungen unbelebter Teilchen sind – ein ‹Glaube›, der es ihm völlig vernunftgemäß erscheinen läßt, sich ausschließlich auf die körperlichen Sinne zu verlassen, ‹nur mit dem Kopf zu denken›, und jegliche von den im Herzen befindlichen ‹Kräften› ausgehende Störung zurückzuweisen. Mit anderen Worten gesagt, gibt es für ihn höhere Ebenen der Wirklichkeit einfach deswegen nicht, *weil sein Glaube die Möglichkeiten ihrer Existenz ausschließt.* Er ist wie ein Mensch, der zwar ein Radio besitzt, sich aber weigert, es zu benutzen, da er beschlossen hat zu glauben, daß, von atmosphärischem Rauschen abgesehen, nichts dabei herauskommen kann.

Glaube aber ist nicht unvereinbar mit Vernunft, ebensowenig stellt er einen Ersatz für sie dar. Er wählt die Bedeutungs- oder Seinsstufe, auf die die Suche nach Erkenntnis und Verständnis zu richten ist. Es gibt vernünftigen und auch unvernünftigen Glauben. Auf der Stufe der unbelebten Materie nach einem Sinn und Zweck zu suchen, wäre ein ebenso unvernünftiger Glaubensakt wie der Versuch, die Meisterwerke des schöpferischen Menschengeistes lediglich als Ergebnis wirtschaftlicher Interessen oder sexueller Enttäuschungen zu ‹erklären›. Der Glaube des Agnostikers ist möglicherweise der unvernünftigste von allen, weil er, wenn er nicht bloße Tarnung ist, eine Entscheidung darstellt, die Frage nach der Bedeutung als unbedeutend zu behandeln, wie wenn jemand sagte: «Ich bin nicht bereit zu entscheiden, ob [um auf G. N. M. Tyrrells Beispiel zurückzukommen] ein Buch lediglich eine farbige Form, eine Reihe von Zeichen auf Papier oder eine Reihe von Buchstaben darstellt, die nach bestimmten Regeln angeordnet sind, oder ob es eine sinnvolle Bedeutung ausdrückt.» Es überrascht nicht, daß die Weisheit früherer Zeiten den Agnostiker stets mit schneidender Verachtung behandelt hat: «Ich weiß deine Werke, daß du weder kalt noch warm bist. Ach, daß du kalt oder warm wärest! Weil du aber lau bist und weder kalt noch warm, werde ich dich ausspeien aus meinem Munde.»[6]

Es läßt sich kaum als unvernünftiger Glaubensakt hinstellen, wenn Menschen das Zeugnis von Propheten, Weisen und Heiligen annehmen, die, zwar in verschiedenen Sprachen, doch gleichsam mit einer Stimme, erklären, daß das Buch dieser Welt nicht bloß eine farbige Form ist, sondern einen Sinn ausdrückt, daß es oberhalb der menschlichen weitere Seinsstufen gibt und daß der Mensch diese erreichen kann, so er seiner Vernunft gestattet, sich vom Glauben leiten zu lassen. Niemand hat die dem Menschen mögliche Reise zur Wahrheit klarer beschrieben als der Bischof von Hippo, der heilige Augustinus (354 bis 430 n. Chr.):

«Der erste Schritt nach vorn . . . wird darauf gerichtet sein, daß die Aufmerksamkeit der Wahrheit gilt. Selbstverständlich schaut der Glaube die Wahrheit nicht deutlich, aber er hat sozusagen ein Auge für sie, mit dem er sehen kann, daß etwas wahr ist, wenn er auch den Grund dafür nicht einsieht. Es sieht noch nicht, woran es glaubt, aber zumindest weiß es bestimmt, daß es es nicht sieht und daß es dennoch wahr ist. Dieser Besitz einer verborgenen, doch gewissen Wahrheit durch den Glauben ist eben das, was den Verstand dazu bringt, ihr Äußeres zu durchdringen und dem Ausspruch ‹glaube, damit du verstehen kannst› *(crede ut intelligas)* seinen vollen Sinn zu geben.»[7]

Wir vermögen mittels der aus dem Verstand kommenden Erleuchtung Dinge zu sehen, die für unsere körperlichen Sinne nicht sichtbar sind. Niemand leugnet, daß auf diese

Weise mathematische und geometrische Wahrheit ‹gesehen› wird. Einen Lehrsatz *beweisen* bedeutet, ihm eine Form zu geben, sei es durch Analyse, Vereinfachung, Umformung oder Zerlegung, durch die Wahrheit gesehen werden kann. Über dieses Sehen hinaus ist ein weiterer Beweis weder möglich noch nötig.

Können wir im Lichte des Verstandes Dinge sehen, die über die Mathematik und Geometrie hinausreichen? Wiederum leugnet niemand, daß wir *sehen* können, was ein anderer meint, manchmal sogar dann, wenn er es selbst nicht genau ausdrückt. Unsere Alltagssprache legt immer wieder Zeugnis ab für diese Fähigkeit, Gedanken zu erfassen und zu begreifen, die von den Vorgängen des Denkens und der Meinungsbildung gänzlich unterschieden ist. Sie führt zu blitzartigem Verstehen.

«Für den heiligen Augustinus ist der Glaube der Kern, um den sich alles dreht. *Der Glaube sagt uns, was es zu verstehen gibt*; er reinigt das Herz und gestattet so der Vernunft, aus dem Meinungsaustausch Gewinn zu ziehen. Er ermöglicht es der Vernunft, Gottes Offenbarung zu verstehen. Kurz, wenn Augustinus von Verstehen spricht, denkt er stets an das Ergebnis eines vernunftbetonten Tuns, für das der Glaube den Weg bereitet.»[8]

Der Glaube öffnet, wie die Buddhisten sagen, ‹das Auge der Wahrheit›, das auch ‹das Auge des Herzens› oder ‹das Auge der Seele› heißt. Der heilige Augustinus beharrte darauf, daß «unsere ausschließliche Aufgabe in diesem Leben darin besteht, im Auge des Herzens die Gesundheit wiederzuerlangen, durch die es Gott schauen kann». Der größte Sufi-Dichter Persiens, Rumi (1207 bis 1273), spricht vom «siebzigfältigen Auge des Herzens, für das unsere zwei Sinnesaugen nur als aufnehmendes Organ tätig sind»[9], während der Platoniker John Smith uns rät: «Wir müssen die Augen der Sinne schließen und das hellere Auge unseres Verstehens öffnen, das andere Auge der Seele, wie der Philosoph die Fähigkeit unseres Verstandes nennt, ‹das zwar viele haben, aber nur wenige gebrauchen›.»[10] Der schottische Theologe Richard of Saint-Victor (um 1110 bis 1173) sagt: «Denn nur der äußere Sinn nimmt sichtbare Dinge wahr, und allein das Auge des Herzens sieht das Unsichtbare.»[11]

Die Kraft, die vom ‹Auge des Herzens› ausgeht und die Einsicht hervorbringt, ist der des Denkens weit überlegen, die *Meinungen* hervorbringt. Buddha sagt: «Wovon ich sagen könnte: ‹Dieses künd ich›, / Kein Dogma hab ich, unter Lehren ausgesucht. / Erkennend, greif ich nicht nach Ansicht. / Den Inneren Frieden *sah ich*, ihn ergründend.»[12] In einem buddhistischen Text wird der Prozeß, durch den die verschiedenen Kräfte, über die der Mensch verfügt, allmählich und sozusagen organisch geweckt werden, wie folgt beschrieben:

«Ich sage, daß man höchstes Wissen nicht gleich zu Anfang erwerben kann. Das geht nur durch allmähliches Üben, allmähliches Tun, allmähliches Entfalten. Wie geschieht das? – Man faßt Vertrauen (zu einem Lehrer), kommt herbei, gesellt sich zu ihm, leiht ihm Gehör und hört die Lehre an. Hat man sie gehört, so behält man sie im Gedächtnis. Hat man die Lehrsätze behalten, so macht man sich ihren Sinn klar. Hat man ihren Sinn erfaßt, so gewähren sie einem Einsicht. Darauf neigt man sich ihnen zu und läßt sie vorläufig gelten. Dann wägt man sie ab. So versteht man durch eigene Erfahrung ihren Wahrheitsgehalt, und weise durchdringend *schaut man ihn.*»[13]

Das ist der Weg, auf dem *adaequatio* gewonnen wird, die Art, wie das Instrument entwickelt wird, das die Wahrheit sehen und erkennen kann, welche nicht nur den Intellekt unterrichtet, sondern die Seele befreit. («Und werdet die Wahrheit erkennen, und die Wahrheit wird euch freimachen.» – Johannes 8,32)

Da diese Dinge dem Menschen der modernen Welt fremd geworden sind, ist es möglicherweise von Wert, wenn ich einen zeitgenössischen Autor, Maurice Nicoll, zitiere:

«Dann beginnt eine Welt *innerer* Wahrnehmung sich zu entfalten, die sich von der der äußeren Wahrnehmung unterscheidet. Innerer Raum wird sichtbar. *Die Erschaffung der Welt beginnt im Menschen selbst.* Zuerst ist alles Finsternis: dann erscheint das Licht im Unterschied zur Finsternis. Unter diesem Licht verstehen wir eine Form des Bewußtseins, an dem gemessen unser gewöhnliches Bewußtsein Finsternis ist. Dies Licht wurde stets mit Wahrheit und Freiheit gleichgesetzt. Die innere Wahrnehmung der eigenen Person, der eigenen Unsichtbarkeit, ist der Anfang des Lichts. Diese Wahrnehmung der Wahrheit hat nichts mit sinnlicher Wahrnehmung zu tun, sondern ist Wahrnehmung der Wahrheit von ‹Ideen› – die gewiß auch unsere sinnliche Wahrnehmung verbessert. Auf dem Wege der Selbstfindung geht es um dies Ziel, denn niemand vermag sich selbst zu erkennen, ohne sich nach innen zu kehren ... Dieser Kampf kennzeichnet den Anfang der inneren Entwicklung des Menschen, über die auf so vielerlei (in Wirklichkeit aber stets auf dieselbe) Weise im Verlauf jenes kurzen Zeitabschnitts geschrieben wurde, dessen Literatur wir kennen und den wir für die gesamte Weltgeschichte halten.»[14]

In einem späteren Kapitel werden wir das ‹Sichnachinnen-Kehren› näher betrachten. Für unsere gegenwärtigen Zwekke genügt es, einfach zu erkennen, daß von den Sinnen gelieferte Angaben allein keine Einsicht oder irgendein Verständnis hervorbringen. ‹*Ideen*› führen zu Einsicht und Verständnis, und die Welt der Vorstellungen liegt in uns. Die Wahrheit von Vorstellungen läßt sich nicht mit den Sinnen erfassen, sondern nur durch jenes besondere Instrument, das bisweilen als ‹das Auge des Herzens› bezeichnet wird, und das auf geheimnisvolle Weise im Angesicht der Wahrheit diese zu erkennen vermag. Wenn wir das, was diese Kraft hervorbringt, als Erleuchtung bezeichnen, und das, was die Sinne uns mitteilen, als Erfahrung, können wir sagen, daß

«Erfahrung, und nicht Erleuchtung, uns etwas über das Dasein, die Erscheinung und die Veränderungen von sinnlichen wahrnehmbaren Dingen sagt, wie beispielsweise Steine, Pflanzen, Tiere und Menschen. Erleuchtung hingegen, und nicht Erfahrung, lehrt uns den Sinn dieser Dinge, was sie sein könnten und was sie vielleicht sein sollten.»

Unsere körperlichen Sinne bringen uns, obzwar sie uns mit Erfahrung versorgen, nicht in Berührung mit den höheren Bedeutungsstufen und den höheren Seinsstufen in der Welt um uns herum: sie sind einem solchen Zweck nicht angemessen, da sie ausschließlich daraufhin angelegt wurden, die äußerlichen Unterschiede zwischen verschiedenen bestehenden Dingen und nicht die Bedeutungsunterschiede aufzunehmen, die ihnen innewohnen.

Man denke an die Geschichte von den zwei Mönchen, beide leidenschaftliche Raucher, die wissen wollten, ob es zulässig sei, während des Gebetes zu rauchen. Da sie sich nicht einigen konnten, beschlossen sie, jeder seinen Abt um Rat zu fragen. Der eine Mönch bekam ernsthafte Schwierigkeiten, während dem anderen eine Belobigung ausgesprochen wurde. Als sie einander wieder trafen, fragte der erste leicht lauernd den anderen: «Was hast du genau gefragt?», worauf ihm der andere erwiderte: «Ich habe gefragt, ob man beim Rauchen beten dürfe.» Während unsere *inneren* Sinne unfehlbar den tiefen Unterschied zwischen ‹Beten beim Rauchen› und ‹Rauchen beim Beten› sehen, gibt es dabei für unsere *äußerlichen* Sinne ganz und gar keinen Unterschied.

Höhere Bedeutungs- und Seinsstufen lassen sich ohne Glauben und die Hilfe höherer Fähigkeiten des inneren Menschen nicht erkennen. Kommen diese höheren Fähigkeiten nicht zum Zuge – weil sie entweder fehlen oder durch zu geringen Glauben brachliegen –, mangelt es dem, der wissen will, an *adaequatio.* Dadurch aber vermag er nichts von einer höheren Bedeutung oder von einer höheren Seinsstufe zu wissen.

Instrumentelles und verstehendes Wissen

I

Die Große Wahrheit der *adaequatio* sagt aus, daß sich ohne ein angemessenes Wahrnehmungsorgan nichts wahrnehmen und ohne ein angemessenes Verstehensorgan nichts verstehen läßt. Für die Erkenntnisse auf der Ebene der Materie sind – wie schon zuvor erwähnt – die fünf Sinne die Hauptinstrumente des Menschen, die durch ein großes Arsenal hochentwickelter Ausstattungen verstärkt und erweitert werden. Sie nehmen die sichtbare Welt wahr, nicht aber das ‹Nach-innen-gerichtet-Sein› von Dingen und so grundlegende Kräfte wie Leben, Bewußtsein und Selbstreflexivität, die nicht sichtbar sind. Wer vermöchte das Leben als solches zu sehen, zu hören, zu berühren, zu schmecken oder zu riechen? Es ist gestalt- und farblos, hat keinen kennzeichnenden Klang, Geruch, Geschmack, ist von keiner spezifischen Beschaffenheit. Und doch müssen wir, da wir ‹Leben› erkennen können, über ein dementsprechendes Wahrnehmungsorgan verfügen, ein mehr nach innen gerichtetes, und das bedeutet ‹höheres›, Organ als die Sinne. Wir werden später sehen, daß dies Organ mit dem Leben in uns dekkungsgleich ist, mit den unbewußten vegetativen Vorgängen und Empfindungen unseres Leibes, die im Solarplexus ihren wichtigsten Mittelpunkt haben. In ähnlicher Weise erkennen wir ‹Bewußtsein› unmittelbar mit Hilfe unseres eigenen Bewußtseins, das seinen Sitz hauptsächlich im Kopf hat. ‹Selbstreflexivität› erkennen wir mittels unserer eigenen Selbstreflexivität, die in einem sowohl symbolischen Sinne als auch durch physische Erfahrung erlebbar im Bereich des Herzens ruht, dem innersten und mithin ‹höchsten› Mittelpunkt des menschlichen Wesens. (Viele Menschen sind sich ihrer Kraft zur Selbstreflexivität so wenig bewußt, daß sie sie in anderen Menschen nicht erkennen können und sie daher für nichts anderes als ‹höhere Tiere› halten.)

Die Antwort auf die Frage: «Mit welchen Instrumenten kann der Mensch die Welt um sich herum erkennen?» ist daher ganz unausweichlich. «Mit allem, was er hat – seinem lebendigen Leib, seinem Denken und seinem sich selbst erfahrenden Geist.»

Seit Descartes neigen wir dazu zu glauben, daß wir sogar von unserem Dasein erst durch unser auf den Kopf zentriertes Denken wissen – ‹cogito ergo sum› – ich denke, und daher weiß ich, daß ich bin. Aber jeder Handwerker weiß, daß sein Wissen nicht nur aus dem Denken seines Kopfes besteht, sondern auch aus der Intelligenz seines Leibes: Seine Fingerspitzen wissen Dinge, von denen sein Denken nichts weiß, so wie Pascal (1623 bis 1662) wußte, daß «das Herz eine Vernunft hat, die der Verstand nicht kennt».[1] Möglicherweise ist es irreführend zu sagen, daß der Mensch über viele Erkenntnisinstrumente verfügt, da eigentlich der ganze Mensch nur ein *einziges* Instrument ist. Wenn er selbst davon überzeugt ist, daß die einzigen erstrebenswerten ‹Daten› die von den fünf Sinnen gelieferten sind, und daß eine ‹Datenverarbeitungsanlage›, nämlich das Gehirn, dazu da ist, sie aufzubereiten, beschränkt er sein Wissen auf die Seinsstufe, der diese Instrumente *angemessen* sind, und das bedeutet: hauptsächlich auf die Stufe der unbelebten Materie.

Sir Arthur Eddington hat gesagt: «An und für sich hätte unser Wissen vom physikalischen Universum durch Gesichtsempfindungen allein erlangt werden können, tatsächlich sogar durch die einfachste Form der Gesichtsempfindung, die farblos und nicht stereoskopisch ist.»[2] Wenn das stimmt (was durchaus möglich ist), wenn das wissenschaftliche Bild des Alls das Ergebnis der ausschließlichen Anwendung der Gesichtsempfindung und auf die Benutzung ‹eines einzigen farbenblinden Auges› beschränkt ist, können wir kaum erwarten, daß es mehr als einen abstrakten, bedeutungslosen und ungastlichen Mechanismus zeigt. Die Große Wahrheit der *adaequatio* lehrt uns, daß das unvermeidliche Ergebnis einer Beschränkung im Gebrauch von Erkenntnisinstrumenten eine Verengung und Verarmung der Wirklichkeit ist. Das führt zu einer äußerst wichtigen Frage: Sicherlich *wünscht* niemand diese Wirkung zu erzielen – wie läßt sich dann erklären, daß eine solche Verengung stattgefunden hat?

Zur Beantwortung dieser Frage müssen wir uns wiederum dem geistigen Vater der modernen Entwicklung, Descartes, zuwenden. Ihm mangelte es nicht an Selbstsicherheit: «Die wahren Prinzipien», sagte er, «durch die wir das äußerste Maß an Weisheit, das höchste Gut menschlichen Lebens, erreichen können, habe ich in diesem Buch aufgeführt . . . Der Mensch hatte . . . bisher viele Meinungen, aber noch nie ein ‹sicheres Wissen von irgend etwas› . . . Jetzt aber, da er erwachsen wird, wird er Herr seiner selbst und fähig, alles auf die Stufe der Vernunft zu heben.» So erhebt Descartes den Anspruch, die Grundlagen der «bewundernswerten Wissenschaft» zu legen, die aus *«Vorstellungen (besteht), die am leichtesten zu erfassen, am einfachsten und am unmittelbarsten darzustellen sind»*[3]. Was aber ist schließlich am leichtesten zu erfassen, am einfachsten und unmittelbarsten darzustellen? Doch wohl die Zeigerausschläge auf einer Zahlenskala, wie sie von Sir Arthur Eddington hervorgehoben werden.[4]

Der auf die Verwendung eines einzigen farbenblinden Auges beschränkte Gesichtssinn ist als das geringste, das äußerlichste und oberflächlichste (das heißt an die Oberfläche gebundene) Erkenntnisinstrument des Menschen jedem normalen Menschen gleichermaßen zugänglich, was auch für die Fähigkeit des Zählens gilt. Unnötig zu sagen, daß zum *Verstehen* der Bedeutung solcher Daten einige der höheren und mithin selteneren Fähigkeiten des Intellekts nötig sind, darum aber geht es hier nicht. Es geht darum, daß jeder, der sich die nötige Mühe macht, eine Theorie verifizieren kann, wenn sie erst einmal – und sei es von einem Genie – formuliert wurde. ‹Zeigerlesende Wissenschaft› ist daher jedem zugänglich, ist ‹öffentliches Wissen›, ist genau, unbezweifelbar, leicht zu überprüfen, leicht weiterzugeben, und vor allem *praktisch von jeglicher Subjektivität des Beobachters unbeeinträchtigt.*

Ich habe weiter oben gesagt, daß es oft äußerst schwierig ist, an reine Tatsachen, die nicht mit eigenen Ansichten, intellektuellen Angleichungen oder Adaptionen des Beobachters vermischt sind, heranzukommen. Was aber kann der Verstand Skalenwerten hinzufügen, die ein einziges farbenblindes Auge abgelesen hat? Was kann er dem Zählen hinzufügen? Beschränken wir uns auf diese Beobachtungsweise, können wir tatsächlich die Subjektivität ausschalten und Objektivität erreichen. Doch führt eine Beschränkung zur nächsten. Wir erreichen Objektivität, es gelingt uns aber nicht, Wissen über den Gegenstand als Ganzes zu erlangen. Den von uns benutzten Instrumenten sind nur die ‹niedrigsten›, oberflächlichsten Aspekte des Gegenstandes zugänglich – alles, was ihn interessant, sinnvoll und wichtig macht, entgeht uns. Es überrascht nicht, daß das Weltbild, das sich aus dieser Beobachtungsweise ergibt, ‹der Gipfel der Trostlosigkeit› ist, eine Wüstenei, in der der Mensch ein wunderlicher und bedeutungsloser kosmischer Zufall ist.

Descartes schrieb,

«... daß ... allein die Mathematiker Beweise ... hatten finden können ... Ich zweifelte nicht daran, daß ich mit denselben Dingen beginnen mußte, die sie erwogen haben ... Jene langen Ketten ganz einfacher und leichter Begründungen, die die Geometer zu gebrauchen pflegen, um ihre schwierigsten Beweise durchzuführen, erweckten in mir die Vorstellung, daß alle Dinge, die menschlicher Erkenntnis zugänglich sind, einander auf dieselbe Weise folgen und daß ... nichts so fern liegen, daß man es nicht schließlich erreichte, und nichts so verborgen sein kann, daß man es nicht entdeckte.»[5]

Es ist klar, daß ein mathematisches Weltmodell – und davon träumte Descartes – sich nur mit solchen Faktoren beschäftigen kann, die sich als aufeinander bezogene Mengen ausdrücken lassen. Ebenso klar ist, daß der Mengenfaktor nur auf der niedrigsten Seinsstufe von vorrangiger Bedeutung ist (während *reine Menge* überhaupt nicht auftreten kann). In dem Maße, in dem wir die Seinskette aufwärts verfolgen, geht die Bedeutung der Quantität zugunsten der Qualität zurück. Der Preis für die Errichtung mathematischer Modelle ist der Verlust des Qualitätsfaktors, gerade dessen, worauf es am meisten ankommt.

Die Tatsache, daß das Interesse des westlichen Menschen sich vom «Geringste(n), was man an Erkenntnis der höheren Dinge haben kann» (Thomas von Aquin) zum mathematisch genauen Wissen der niedrigeren Dinge gewandelt hat – «da es nichts in der Welt gibt, das zu wissen wünschenswerter oder nützlicher wäre» (Christiaan Huygens, 1629 bis 1695) – zeigt den Wandel von ‹verstehendem Wissen› zu ‹instrumentellem Wissen›. Der Zweck des erstgenannten war die Erleuchtung (Aufklärung) der Person und ihre ‹Befreiung›; der Zweck des letzteren ist Macht: «Wissen ist Macht», sagte Francis Bacon (1561 bis 1626), und Descartes versprach den Menschen, sie würden zu «Herren und Eigentümern der Natur». In seiner weiteren Entwicklung neigt ‹instrumentelles Wissen› nahezu unvermeidlich dazu, von der Beherrschung der Natur zur Manipulation der Menschen fortzuschreiten.

‹Verstehendes Wissen› wurde oft ‹Weisheit› genannt, während der Name ‹Wissenschaft› dem vorbehalten blieb, was ich ‹instrumentelles Wissen› nenne. Der heilige Augustinus macht, wie viele andere auch, diesen Unterschied, und Etienne Gilson gibt ihn wie folgt wieder:

«Der wirkliche Unterschied, der das eine gegen das andere setzt, ergibt sich aus der Art ihrer Gegenstände. Der Gegenstand der Weisheit ist so geartet, daß allein schon durch seine Einsehbarkeit kein Mißbrauch damit getrieben werden kann. Der Gegenstand der Wissenschaft ist so geartet, daß er in ständiger Gefahr ist, schon wegen seiner materiellen Bezogenheit, der Begehrlichkeit anheimzufallen. Daher stammt die doppelte Bezeichnung, die wir dem Begriff ‹Wissen› unterlegen können, je nachdem, ob es der Begierde dient – was immer dann der Fall ist, wenn es sich als Selbstzweck setzt – oder ob es der Weisheit dient – was immer dann der Fall ist, wenn es auf das höchste Gut gerichtet ist.»[6]

Diese Punkte sind von entscheidender Bedeutung. Ordnet man ‹instrumentelles Wissen› der Weisheit, das heißt dem ‹verstehenden Wissen›, unter, ist es ein Werkzeug von höchstem Wert, das keinen Schaden anrichten kann. Diese Unterordnung aber ist nicht möglich, wo die Weisheit schwindet und die Menschen sich von ihr abwenden. Das ist der Fall in der Geschichte des westlichen Denkens seit Descartes. Die alte Wissenschaft – ‹Weisheit› oder ‹verstehendes Wissen› – war in erster Linie ‹auf das höchste Gut› gerichtet, das heißt das Schöne, Wahre und Gute, deren Kenntnis Glück und Rettung bringen sollte. Die neue Wissenschaft war unmittelbar auf die Erreichung materieller Macht gerichtet. Diese Tendenz hat sich inzwischen so verfestigt, daß die Steigerung politischer und wirtschaftlicher Macht jetzt ganz allgemein als oberstes Ziel und wichtigste Rechtfertigung für die Finanzierung wissenschaftlicher Arbeit angesehen wird. Die alte Wissenschaft betrachtete die Natur als Gottes Werk und als Mutter des Menschen; die neue Wissenschaft sieht sie als einen zu besiegenden Gegner oder einen auszubeutenden Steinbruch an.

Der wichtigste und folgenreichste Unterschied jedoch bezieht sich auf die Haltung der Wissenschaft gegenüber dem Menschen. Die ‹verstehende Wissenschaft› sah den Menschen als nach dem Bilde Gottes geschaffen, als die Krönung der Schöpfung und mithin als jemanden, dem die Welt ‹anvertraut› war, denn Adel verpflichtet. Das ‹instrumentelle Wissen› sieht den Menschen unvermeidlich als nichts weiter denn ein zufälliges Ergebnis der Evolution, ein höheres Tier, ein Gesellschaftstier und einen Gegenstand, der mit denselben Methoden untersucht wird, mit denen andere Erscheinungen dieser Welt zu untersuchen sind – ‹objektiv›. Weisheit ist ein Wissen, das sich nur anwenden läßt, indem man die höchsten und edelsten Kräfte des Verstandes bemüht. ‹Instrumentelles Wissen› hingegen ist ein Wissen, das sich durch Einsatz der Kräfte anwenden läßt, über die jeder, mit Ausnahme der Schwerbehinderten, verfügt, nämlich die Fähigkeit, Zeigerausschläge von Skalen abzulesen und zu zählen, ohne daß die Gründe für eine Formel verstanden werden müssen. Für praktische Anwendungszwecke genügt es zu wissen, *daß* sie funktioniert. Diese Art von Wissen ist daher öffentlich, das heißt sie läßt sich in Ausdrücken von allgemeiner Gültigkeit beschreiben, so daß jeder sie bei richtiger Beschreibung verstehen kann. Die öffentliche und ‹demokratische› Verfügbarkeit dieser Art des Wissens läßt sich nicht durch ein Wissen erreichen, das sich auf die höheren Seinsstufen bezieht, einfach deshalb nicht, weil es sich nicht in Ausdrücken beschreiben läßt, denen jeder Mensch im vorerwähnten Sinne *adäquat* ist. Es wird behauptet, nur solches Wissen könne als ‹wissenschaftlich› und ‹objektiv› bezeichnet werden, das öffentlicher Verifikation oder Falsifikation durch jeden offensteht, der sich die erforderliche Mühe gibt. Alles übrige wird als ‹unwissenschaftlich› und ‹subjektiv› abgetan. Eine solche Anwendung dieser Begriffe stellt einen schweren Mißbrauch dar, denn alles Wissen ist insofern ‹subjektiv›, als es immer nur im Verstand eines menschlichen Subjekts existieren kann. Die Unterscheidung zwischen ‹wissenschaftlichem› und ‹unwissenschaftlichem› Wissen geht an der wirklichen Frage vorbei, denn die einzig gültige Frage im Zusammenhang mit Wissen ist die nach der Wahrheit.

Die fortschreitende Eliminierung des ‹verstehenden Wissens› – oder der ‹Weisheit› – in der westlichen Kultur läßt die rasche und sich immer stärker beschleunigende Anhäufung von ‹instrumentellem Wissen› zu einer sehr ernsten Bedrohung werden. Wie ich in anderem Zusammenhang gesagt habe, «sind wir jetzt viel zu gescheit, als daß wir ohne Weisheit überleben könnten», und eine weitere Entwicklung unserer Gescheitheit nützt niemandem. Die stets voranschreitende Konzentration des wissenschaftlichen Interesses der Menschen auf ‹instrumentelle Wissenschaften› hat mindestens drei sehr ernsthafte Folgen. Erstens wird eine Kultur zwangsläufig und unvermeidlich immer tiefer in Angst, Verzweiflung und Unfreiheit absinken, weil so ‹unwissenschaftlichen› Fragen wie «Was ist Sinn und Zweck der menschlichen Existenz?», «Was ist gut und was böse?» sowie «Welches sind die absoluten Rechte und Pflichten des Menschen?» nicht mehr ernsthaft und ausdauernd nachgegangen wird. Die Menschen in einer solchen Kultur werden zunehmend mehr Gesundheit und Glück einbüßen, ganz gleich, wie hoch ihr Lebensstandard ist oder wie gut es ihrer medizinischen Versorgung gelingt, ihr Leben zu verlängern. Es geht um nichts mehr oder weniger als darum: «Der Mensch lebt nicht vom Brot allein.» Zweitens läßt die methodische Beschränkung wissenschaftlicher Bemühungen auf die äußerlichsten und materiellsten Aspekte des Alls die Welt als so leer und sinnlos erscheinen, daß selbst diejenigen, die Wert und Notwendigkeit einer ‹verstehenden Wissenschaft› sehen, sich der hypnotischen Kraft des ihnen vorgeführten, angeblich wissenschaftlichen Bildes nicht entziehen können und sowohl den Mut als auch die Lust verlieren, sich bei der ‹überlieferten Weisheit der Menschheit› Rat zu holen und Nutzen aus ihr zu ziehen. Da in den Ergebnissen der Wissenschaft wegen ihrer methodischen Beschränkung und ihrer systematischen Mißachtung höherer Seinsstufen niemals auch nur ein Anschein vom Bestehen solch höherer Stufen zu finden ist, haben wir einen Zirkel vor uns: statt als Führer, der den Intellekt zu einem Verständnis der höheren Stufen leitet, wird der Glaube als Gegner und Widerpart des Intellekts angesehen und darum abgelehnt. So sind alle Wege zu einer Gesundung versperrt. Und da die höheren Kräfte des Menschen nicht mehr zum Erlangen eines von Weisheit getragenen Wissens eingesetzt werden, verkümmern sie völlig, was dazu führt, daß alle Schwierigkeiten, denen sich die Gesellschaft oder einzelne gegenübersehen, unüberwindlich werden. Auch wenn die Anstrengungen immer hektischer werden, häufen sich die ungelösten und allem Anschein nach unlösbaren Schwierigkeiten. Trotz wachsenden Wohlstands vermindern sich die menschlichen Qualitäten.

II

Im Idealfall entspräche die Struktur, die das Wissen eines Menschen hat, der der Wirklichkeit. Auf der höchsten Ebene gäbe es dann ‹verstehendes Wissen› in seiner reinsten Form. Auf der untersten Ebene gäbe es ‹instrumentelles Wissen›. Verständnis ist nötig, damit entschieden werden kann, was geschehen soll. Der Hilfe des ‹instrumentellen Wissens› bedarf, wer in der materiellen Welt wirksam handeln will.

Zum erfolgreichen Handeln müssen wir die Ergebnisse anderer möglicher Handlungsweisen kennen, so daß wir das für unseren Zweck geeignetste Vorgehen zu wählen vermögen. Auf dieser Ebene ist es daher richtig zu sagen, das Ziel des Wissens sei Vorhersage und Kontrolle. Man betreibt Wissenschaft, um die Bestände zu sichten und Vorgehensmöglichkeiten zu formulieren. Jede von ihnen ist ein Bedingungssatz von der Art: «Wenn du dies oder jenes erreichen möchtest, unternimm das und das.» Der Satz muß so knapp wie möglich sein, er darf keine Vorstellungen oder Begriffe enthalten, die nicht unbedingt erforderlich sind (‹Occams Rasiermesser›), und die Anweisungen müssen genau sein. Sie dürfen dem Urteil dessen, der sie ausführt, nur sowenig wie möglich überlassen. Überprüft werden können solche Vorgehensweisen auf rein pragmatische Weise – wenn es funktioniert, war das Rezept richtig. Vervollkommnen läßt sich diese Art von Wissenschaft nur auf rein praktischem Gebiet – objektiv, das heißt unabhängig von Charakter und Interessen dessen, der sie betreibt, meßbar, aufzeichenbar, wiederholbar. Solches Wissen ist in dem Sinne ‹öffentlich›, daß es sogar von schlechten Menschen für schändliche Ziele eingesetzt werden kann. Es verleiht jedem Macht, dem es gelingt, sich in seinen Besitz zu bringen. (Es überrascht daher nicht, daß häufig versucht wird, Teile dieses ‹öffentlichen› Wissens geheimzuhalten!)

Auf den höheren Stufen wird die bloße Vorstellung von Voraussagbarkeit und Kontrolle immer unannehmbarer und sogar sinnlos. Der Theologe, der nach einem Wissen von Seinsstufen oberhalb der des Menschen trachtet, denkt keinen Augenblick lang daran, Wissen zur Vorhersage, Kontrolle oder sonstwie instrumentell einzusetzen. Er sucht nichts als Verstehen und wäre von Vorhersagbarkeiten entsetzt. Alles Vorhersagbare kann nur ‹festgelegter Natur› sein, und je höher die Seinsstufe ist, desto geringer die Festlegung und um so größer die Formbarkeit der Natur. «Bei Gott sind alle Dinge möglich» (Matthäus 19, 26), während die Handlungsfreiheit eines Wasserstoffatoms außerordentlich eingeschränkt ist. Die Wissenschaften von der unbelebten Materie – Physik, Chemie und Astronomie – können mithin nahezu vollkommene Voraussagemöglichkeiten erreichen. Sie lassen sich sogar ein für allemal vervollständigen und abschließen, wie das beispielsweise von der Mechanik behauptet wird.

Als physikalisch-chemische Systeme sind auch Menschen in großem Maße voraussagbar. Weniger voraussagbar sind sie als lebendige Wesen, noch weit weniger als bewußte Lebewesen – als ihres Selbst bewußte Personen gar lassen sie sich kaum voraussagen. Der Grund für diese Unvorhersagbarkeit liegt nicht in einem Mangel an *adaequatio* bei dem, der forscht, sondern ist in der Art der Freiheit selbst begründet. Angesichts von Freiheit ist ‹instrumentelles Wissen› unmöglich, ‹verstehendes Wissen› hingegen unentbehrlich. Das nahezu vollständige Verschwinden des letzteren aus der westlichen Kultur ist auf nichts anderes als die systematische Vernachlässigung herkömmlicher Weisheit zurückzuführen, von der der Westen einen ebenso reichen Vorrat hat wie jeder andere Teil der Menschheit. Aus der einseitigen Entwicklung der letzten dreihundert Jahre ergibt sich, daß der Mensch im Westen zwar reich an Mitteln, aber arm an Zielen ist. Der hierarchische Aufbau seines Wissens wurde gekappt, sein Wille ist gelähmt, weil er jeden Boden verloren hat, auf dem er eine Wertehierarchie errichten könnte. Wie sehen denn seine höchsten Werte aus?

Die höchsten Werte eines Menschen sind erreicht, wenn er sagen kann, etwas sei ein Gut an sich, das keiner Rechtfertigung in Gestalt eines höheren Gutes bedarf. Die moderne Gesellschaft ist stolz auf ihren ‹Pluralismus›. Das aber bedeutet, daß eine große Zahl von Dingen als ‹gut an sich› zulässig sind, als Ziele eher denn als Mittel zu einem Ziel. Sie sind alle gleichrangig, ihnen allen gebührt der erste Platz. Wenn etwas, das keiner Rechtfertigung bedarf, ein ‹Absolutum› genannt werden kann, dann betet die moderne Welt, auch wenn sie behauptet, alles sei relativ, in Wirklichkeit eine große Anzahl von ‹Absoluta› an. Eine vollständige Liste zu erstellen wäre unmöglich, und das soll auch hier nicht versucht werden. Nicht nur Macht und Reichtum werden als Güter an sich betrachtet – vorausgesetzt, sie gehören mir und nicht einem anderen –, sondern auch Wissen um seiner selbst willen, Geschwindigkeit, Marktgröße, Schnelligkeit des Wandels, Ausbildungsstandard, die Zahl von Krankenhäusern usw. Tatsächlich ist keine dieser heiligen Kühe ein wirkliches Ziel: Sie alle sind Mittel, die sich nur als Ziele aufspielen. «Im *Inferno* der Welt des Wissens», sagt Etienne Gilson,

«gibt es eine besondere Strafe für diese Art von Sünde, einen Rückfall in die Mythologie . . . Eine Welt, die den Christengott verloren hat, kann nur einer Welt ähnlich sehen, die ihn noch nicht gefunden hatte. Gerade wie die Welt des Thales und Platos ist unsere moderne Welt ‹voller Götter›. Es gibt die blinde Evolution, die scharfsichtige Orthogenese, den wohlwollenden Fortschritt und andere, die man besser nicht nennen sollte. Warum unnötig die Gefühle von Menschen verletzen, die ihnen heute Kultopfer bringen? Wir aber sollten uns klar darüber werden, daß die Menschheit dazu verurteilt ist, immer mehr unter der Faszination einer neuen wissenschaftlichen, gesellschaftlichen und politischen Mythologie zu leben, es sei denn, wir trieben diese verworrenen Vorstellungen entschlossen aus, deren Einfluß auf das moderne Leben verheerend wird . . . Denn wenn Götter miteinander kämpfen, müssen Menschen sterben.»[7]

Bei so vielen Göttern, die alle miteinander im Wettstreit liegen und den Vorrang voreinander beanspruchen, ohne daß es einen höchsten Gott, ein höchstes Gut oder einen höchsten Wert gibt, an denen gemessen sich alles andere rechtfertigen muß, kann die Gesellschaft nur in das Chaos abtreiben. Die moderne Welt ist voller Menschen, die Gilson «Schein-Agnostiker» nennt, «die . . . wissenschaftliche Kenntnis und gesellschaftlichen Reichtum mit einem vollständigen Mangel an philosophischer Kultur verbinden»[8]. Schamlos nutzen sie das Prestige der ‹instrumentellen Wissenschaft› dazu aus, die Menschen von dem Versuch abzuhalten, die Vollständigkeit des menschlichen Wissensgebäudes wiederherzustellen durch Entwicklung (bzw. Wieder-Entwicklung) einer ‹verstehenden› Wissenschaft. Treibt Furcht sie dazu? Abraham Maslow meint, die Beschäftigung mit Wissenschaft sei oft eine Verteidigungshaltung. «Es ist möglich, daß es sich dabei in erster Linie um eine Sicherheitsphilosophie handelt, eine komplizierte Art, der Angst und den Problemen aus dem Weg zu gehen, die Schwierigkeiten bereiten. Im Extremfall kann es eine Möglichkeit sein, dem Leben auszuweichen, eine Art von klösterlicher Abgeschiedenheit in sich selbst.»[9] Was auch immer dahinterstecken mag – und es ist nicht unsere Aufgabe und Absicht, die Psyche von Wissenschaftlern zu untersuchen – es existiert jedenfalls unbezweifelbar auch der dringende Wunsch, herkömmlichen Ansichten von den Pflichten des Menschen, Verantwortlichkeiten oder Verbindlichkeiten zu entfliehen, deren Vernachlässigung Sünde sein kann. Trotz Chaos und Leid, die in der modernen Welt herrschen, scheint ihr kaum eine Vorstellung weniger annehmbar als die der Sünde. Was könnte das Wort Sünde denn schon bedeuten? Die Überlieferung sagt, es heißt ‹das Ziel verfehlen›, wie beim Bogenschießen, den eigentlichen Sinn, den das Leben des Menschen auf der Erde hat, ein Leben, das einzigartige Gelegenheiten zur Entwicklung, große Möglichkeiten und Vorrechte bietet, die, wie die Buddhisten sagen, ‹schwierig zu erlangen› sind. Ob nun die Wahrheit auf der Seite der Überlieferung ist oder nicht, läßt sich nicht durch irgendeine ‹instrumentelle Wissenschaft› entscheiden: entscheiden läßt sich das nur durch die höchsten Fähigkeiten des Menschen, die dem Aufbau einer ‹verstehenden Wissenschaft› *adäquat* sind. Wenn die bloße Möglichkeit der letzteren systematisch geleugnet wird, gelangen die höchsten Fähigkeiten nie zum Einsatz. Sie verkümmern, und die bloße Möglichkeit, den Zweck des Lebens erst zu verstehen und dann zu erfüllen, schwindet dahin.

William James machte sich keine Illusionen darüber, daß es sich dabei für jeden einzelnen von uns in erster Linie um eine Frage des Willens handelt – wie ja überhaupt Glaube herkömmlicherweise als Sache des Willens angesehen wird.

«Die Frage, ob wir überhaupt moralische Ansichten haben oder nicht, entscheidet unser Wille. Sind unsere moralischen Neigungen wahr oder falsch, oder handelt es sich dabei nur um seltsame biologische Erscheinungen, die für *uns* die Dinge gut oder schlecht machen, in sich aber wertfrei sind? Wie kann das der reine Intellekt entscheiden? Wenn das Herz des Menschen nicht eine Welt mit einer moralischen Wirklichkeit *will*, wird sein Kopf ihn sicherlich niemals an eine solche glauben lassen. Mephistophelische Skepsis kann die Lust am Spiel des Kopfes weit besser befriedigen als irgendein strenger Idealismus.»[10]

Die moderne Welt neigt dazu, alles anzuzweifeln, was nach den höheren Fähigkeiten des Menschen verlangt. Keineswegs aber zweifelt sie an der Skepsis, die beinahe gar keiner Voraussetzungen bedarf.

III
Karte des Wissens

«Sicherlich hat es für jeden im Leben Augenblicke mit mehr Bedeutung und Wirklichkeit der Erfahrung gegeben, als der Alltag bereithält. Solche Augenblicke sind Fingerzeige, flüchtige Blicke auf unverwirklichte Möglichkeiten.»

Selbstkenntnis
und innere Erfahrung

Das erste Hauptmerkmal, das wir für die Erstellung unseres philosophischen Orientierungsplans und Führers gewählt haben, ist der hierarchische Aufbau der Welt – vier große Seinsstufen, wobei die höhere Stufe jeweils die darunterliegenden ‹einschließt›.

Das zweite Merkmal ist die ähnlich geartete Struktur der menschlichen Sinne, Fähigkeiten, Erkenntniskräfte – ähnlich im Sinne von ‹einander entsprechend›, denn wir können keinen Teil oder Aspekt der Welt erfahren, ohne daß wir ein Organ oder Instrument besitzen und verwenden, mit dem wir das Angebotene empfangen können. Wenn wir das erforderliche Organ oder Instrument nicht haben oder nicht anwenden, sind wir diesem besonderen Teil oder Aspekt der Welt nicht *adäquat.* Das führt dazu, daß es ihn für uns einfach nicht gibt. Das ist die Große Wahrheit der *adaequatio.*

Aus dieser Wahrheit ergibt sich, daß jegliche systematische Vernachlässigung oder Einschränkung im Gebrauch unserer Erkenntnisorgane unvermeidlich dahin führen muß, daß die Welt als weniger sinnvoll, weniger reich, weniger interessant usw. erscheint, als sie tatsächlich ist, während zugleich das Gegenteil gilt: der Gebrauch der Erkenntnisorgane, die aus dem einen oder anderen Grunde brachliegen, und ihre systematische Entwicklung und Vervollkommnung setzen uns in den Stand, neue Bedeutungen, neue Reichtümer und neue Interessen zu entdecken – Aspekte der Welt, die uns zuvor nicht zugänglich waren.

Wir haben gesehen, daß die modernen Wissenschaften in einem entschlossenen Versuch, Objektivität und Genauigkeit zu erreichen, in Wirklichkeit die Anwendung der Erkenntnisinstrumente, über die der Mensch verfügt, extrem eingeschränkt haben: den Angaben einiger wissenschaftlicher Interpreten zufolge auf ein farbenblindes und einäugiges Ablesen von rein quantitativen Zusammenhängen. Ein solches methodisches Vorgehen ergibt notwendigerweise ein Bild der Welt, das praktisch auf die niedrigste Erscheinungsstufe begrenzt ist, die der unbelebten Materie, und läßt die höheren Seinsstufen, einschließlich der der Menschen, in Wirklichkeit als nichts anderes denn als Atome in recht komplizierter Anordnung erscheinen. Wir müssen nun dieser Sache noch etwas nachgehen. Wenn der gegenwärtige methodische Ansatz nur ein unvollständiges, einseitiges und stark verarmtes Bild hervorbringt, welche Methoden müßte man anwenden, um ein vollständiges Bild zu erhalten?

Es ist oft angemerkt worden, daß für jeden von uns die Wirklichkeit in zwei Teile zerfällt: hier das Ich und dort alles andere, die Welt, einschließlich dem ‹Du›.

Auch hatten wir Gelegenheit, einen weiteren Dualismus festzustellen: Es gibt Sichtbares und Unsichtbares oder, anders gesagt: äußeren Anschein und innere Erfahrungen. Letztere werden gegenüber ersterem immer wichtiger, je mehr wir auf der großen Seinskette nach oben gelangen. Innere Erfahrung gibt es zweifellos, sie ist aber mit unseren gewöhnlichen Sinnen nicht wahrnehmbar.

Aus diesen beiden Begriffspaaren –
‹Ich› und ‹die Welt›
‹äußerer Anschein› und ‹innere Erfahrung› –
ergeben sich vier ‹Kombinationen›, die wie folgt dargestellt werden können:

(1) Innen-Ich
(2) Innenwelt (Du)
(3) Außen-Ich
(4) Außenwelt (Du).

Das sind die *vier Wissensbereiche*, deren jeder für jeden von uns von großer Bedeutung ist und uns alle in starkem Maße betrifft. Die vier Fragen, die zu diesen vier Wissensbereichen führen, lassen sich wie folgt formulieren:

(1) Was geht tatsächlich in meiner eigenen Innenwelt vor?
(2) Was geht in der Innenwelt anderer Lebewesen vor?
(3) Wie sehen mich die Augen anderer Lebewesen?
(4) Wie nehme ich die Welt um mich herum tatsächlich wahr?

Äußerst vereinfacht ließe sich sagen:
(1) = Welche Empfindungen habe ich von mir?
(2) = Welche Empfindungen habe ich vom ‹Du›?
(3) = Wie sehe ich aus?
(4) = Wie siehst ‹Du› aus?
(Die Numerierung dieser vier Fragen und dementsprechend der vier Wissensbereiche ist selbstverständlich ganz und gar willkürlich.)

Als erstes muß nun über diese vier Wissensbereiche gesagt werden, daß nur zwei von ihnen uns unmittelbar zugänglich sind – der Wissensbereich (1) und der Wissensbereich (4). Damit ist gesagt, daß ich unmittelbar empfinden kann, welche Empfindungen ich von mir habe, und daß ich auch unmittelbar sehen kann, wie ‹Du› aussiehst. Welche Empfindungen aber das ‹Du› hat, kann ich nicht unmittelbar erfahren, ebensowenig kann ich wissen, wie ich mich in den Augen des ‹Du› darstelle. Wie wir Wissen von den beiden anderen Bereichen – (2) und (3) – erlangen, die uns *nicht* unmittelbar zugänglich sind, das heißt wie es uns möglich ist, zu wissen und zu verstehen, was in anderen Lebewesen (Bereich 2) vorgeht, und wie wir selbst uns von außen darstellen, einfach als Beobachtungsobjekt, als ein Lebewesen unter zahllosen anderen (Bereich 3): wie wir in diese beiden Wissensbereiche eindringen, ist tatsächlich eine der aufschlußreichsten und wesentlichsten Fragen, die sich stellen lassen.

Sokrates sagt (in Platons *Phaidros*): «. . . ich kann noch immer nicht nach dem delphischen Spruch mich selbst erkennen. Lächerlich also kommt es mir vor, solange ich hierin noch unwissend bin, an andere Dinge zu denken.»[1] Wir wollen diesem Beispiel folgen und mit dem *Wissensbereich (1)* beginnen – was geht wirklich in mir vor, was erfreut mich, was verursacht mir Schmerzen? Was gibt mir Kraft, und was schwächt mich? Wo bestimme ich mein Leben, und wo bestimmt mein Leben mich? Habe ich meinen Geist, meine Empfindungen unter Kontrolle, kann ich tun, was ich tun möchte? Welchen Wert hat dies innere Wissen für die Art, wie ich mein Leben führe?

Bevor wir uns hier mit Einzelheiten beschäftigen, sollten wir die Tatsache zur Kenntnis nehmen, daß der oben zitierten Aussage von Platos *Phaidros* ähnliche Aussagen aus allen Zeiten und allen Erdteilen zur Seite gestellt werden können. Es ließe sich ein ganzes Buch mit diesbezüglichen Zitaten füllen. Ich werde mich darauf beschränken, aus der von Whitall N. Perry angelegten Sammlung einige zu zitieren.[2]

Der Jude Philo (gegen Ende des 1. Jahrhunderts v. Chr.):

«Und bitte . . . spinnt eure luftigen Erzählungen von Mond oder Sonne oder den anderen so weit von uns entfernten und ihrer Art nach so verschiedenen Dingen im All erst, wenn ihr euch selbst durch und durch betrachtet und kennengelernt habt. Danach können wir euch vielleicht glauben, wenn ihr euch über andere Gegenstände verbreitet. Glaubt aber nicht, daß ihr jemals als Richter oder glaubhafte Zeugen in anderen Dingen auftreten könnt, bevor ihr nicht erfahren habt, wer ihr selbst seid.»[3]

Plotin (gestorben 270 n. Chr.):

«Kehre ein zu dir selbst und sieh dich an, und wenn du siehst, daß du noch nicht schön bist, so tu wie der Bildhauer, der von einer Büste, welche schön werden soll, hier etwas fortmeißelt, hier etwas ebnet, dies glättet, das klärt, bis er das schöne Antlitz an der Büste vollbracht hat: so meißle auch du . . . und laß nicht ab ‹an deinem Bild zu handwerken› . . .»[4]

Theologica Germanica (ca. 1350 n. Chr.):

«Sich selbst zu erkennen geht über alle Kunst hinaus, denn es ist die höchste Kunst. Wenn du dich selbst gut kennst, bist du vor Gott besser und rühmenswerter, als kenntest du dich nicht selbst, ob du gleich den Lauf der Himmel und aller Planeten und Gestirne verstündest, dazu die Kraft aller Kräuter und die Art und Stimmungen aller Menschen, sowie das Wesen aller Tiere, und in diesen Dingen jegliche Kenntnis von allem hättest, was im Himmel und auf Erden ist.»[5]

Und was sagte Paracelsus (1493? bis 1541), der einer der kenntnisreichsten Männer seiner Zeit war und mehr als irgendeiner über ‹die Kraft aller Kräuter› wußte?

«Die Menschen kennen sich nicht selbst, und daher verstehen sie nicht die Dinge des Universums in sich. Jedermann trägt die Natur Gottes in sich und alle Weisheit und Kraft der Welt (als Keim). Er ist im Besitz der einen Art Wissen, ebenso wie der anderen, und wer nicht finden kann, was in ihm ist, kann nicht wahrhaft sagen, daß er es nicht besitzt, sondern lediglich, daß er nicht imstande war, mit Erfolg danach zu suchen.»[6]

Aus Indien Swami Ramdas (1886 bis 1963):

«‹Schau nach innen – erkenne dich selbst›, diese geheimen und erhabenen Fingerzeige wehen uns aus dem Atem von Rishis durch den Staub der Zeiten an.»[7]

Aus der Welt des Islam Azid ibn Mohammed al-Nasafi (7. bis 8. Jh. n. Chr.):

«Als Ali Mohammed fragte: ‹Was soll ich tun, damit ich meine Zeit nicht verschwende?›, antwortete der Prophet: ‹Trachte danach, dich selbst zu erkennen.›»[8]

Aus China das Buch *Tao Te King* von Lao-Tse (ca. 604 bis 531 v. Chr.):

«Wer andere kennt, ist klug; wer sich selber kennt, ist weise.»[9]

Viele von Shakespeares Stücken handeln ausschließlich vom Prozeß der Selbsterkenntnis, insbesondere *Maß für Maß*:

«Ich bitt' Euch, Herr, von welcher Gesinnung war Euer Herzog?» . . . «Von der, daß er vorzüglich dahin strebte, sich genau selbst kennenzulernen.»[10]

Schließlich wollen wir einem Schriftsteller des zwanzigsten Jahrhunderts, P. D. Ouspensky (1878 bis 1947), zuhören, der seinen ‹Grundgedanken› wie folgt ausdrückt:

«. . . daß der Mensch, wie wir ihn kennen, *kein vollständiges Wesen ist*; daß die Natur ihn nur bis zu einem bestimmten Punkt entwickelt und dann sich selbst überläßt, damit er sich entweder *durch seine eigene* Anstrengung und Mittel weiterentwickelt oder so lebt und stirbt, wie er auf die Welt kam, oder degeneriert und die Fähigkeiten zur Entwicklung einbüßt.

Die Evolution des Menschen . . . vollzieht sich über die Entwicklung bestimmter *innerer* Eigenschaften und Züge, die für gewöhnlich unentwickelt bleiben *und sich nicht selbst entwickeln können.*»[11]

Die moderne Welt weiß wenig von alldem, auch wenn sie mehr psychologische Literatur und Theorien hervorbringt, als das in irgendeinem Zeitalter vorher der Fall war. Wie Ouspensky sagt: «Die Psychologie wird bisweilen eine neue Wissenschaft genannt. Das ist gänzlich falsch. Die Psychologie ist möglicherweise die *älteste Wissenschaft* und unglücklicherweise in ihren wesentlichsten Zügen eine *vergessene Wissenschaft.*»[12] Diese ‹wesentlichsten Züge› hatten sich vorwiegend in der Lehre der Religionen geäußert, und ihr Verschwinden ist weitgehend durch den Niedergang der Religionen während der letzten Jahrhunderte zu erklären.

Die traditionelle Psychologie, die die Menschen als ‹Pilger› und ‹Wanderer› auf dieser Erde sah, die den Gipfel des Berges der ‹Erlösung›, ‹Erleuchtung› oder ‹Befreiung› erreichen konnten, beschäftigte sich nicht in erster Linie mit Kranken, die ‹normal› gemacht werden mußten, sondern mit normalen Menschen, die übernormal werden konnten und dazu bestimmt waren. In der Mitte vieler der großen Überlieferungen steht die Vorstellung vom ‹Weg› oder ‹Pfad›. Die chinesische Lehre des Taoismus ist nach *tao*, Weg, genannt. Die Lehre Buddhas heißt ‹der Mittlere Weg›, und Jesus Christus selbst erklärt: «Ich bin der Weg». Die Aufgabe des Pilgers ist es, eine Reise in sein Inneres zu unternehmen. Dazu ist ein gewisses Maß an Heldentum und auf jeden Fall die Bereitschaft erforderlich, gelegentlich den unbedeutenden Dingen des Alltags den Rücken zuzukehren. Wie Joseph Campbell in seiner wunderbaren Untersuchung *Der Heros in tausend Gestalten* zeigt, «. . . betrachten die Mythen keineswegs den bloß tugendhaften Menschen als den größten Helden. Tugend ist eigentlich nur das didaktische Vorspiel zur höchsten Einsicht, die selber alle Gegensatzpaare transzendiert»[13]. Nur ein vollkommen reines Instrument kann ein vollkommen klares Bild erzeugen.

Man darf aber nicht denken, daß die ‹Reise ins eigene Innere› nur für Helden bestimmt ist. Sie erfordert eine innere Verpflichtung, und jeder Verpflichtung ans Unbekannte haftet etwas Heldenmütiges an. Zu diesem Heldentum aber ist jedermann fähig. Es ist klar, daß die Untersuchung dieses ersten ‹Wissensbereichs› den ganzen Menschen verlangt, denn nur ein ganzer Mensch kann sich der Aufgabe gewachsen zeigen. Ein einäugiger, farbenblinder Beobachter käme sicherlich nicht sehr weit. Wie weit aber läßt sich der ganze Mensch – lassen sich insbesondere die höchsten Eigenschaften des Menschen – heranziehen? Wir haben bei der Darstellung der vier Seinsstufen gesehen, daß die ungeheure Überlegenheit des Menschlichen gegenüber dem Tier anerkannt werden muß. Wir haben ermittelt, daß die ‹zusätzliche Kraft› – ‹*z*› –, die der Überlegenheit des Menschen gegenüber den Tieren zugrunde liegt, eng mit der *Selbstreflexivität* verbunden ist. Ohne Selbstreflexivität ist die Erforschung und Untersuchung des Inneren des Menschen, das heißt seiner Innenwelt, völlig unmöglich.

Selbstreflexivität aber ist eng verwandt der Kraft zur Aufmerksamkeit, oder sollte ich sagen, der Kraft, die Aufmerksamkeit *zu lenken.* Meine Aufmerksamkeit wird oft oder sogar meist von äußeren Kräften in Anspruch genommen, die ich selbst gewählt habe oder auch nicht – Geräusche, Farben usw. –, oder auch von Kräften in mir – Erwartungen, Befürchtungen, Sorgen, Interessen, usw. Wenn sie auf diese Weise beschäftigt ist, funktioniere ich ähnlich einer Maschine. Ich tue nichts, alles geschieht einfach. Doch besteht immer die Möglichkeit, daß ich die Dinge in die Hand nehme und völlig frei und absichtsvoll meine Aufmerksamkeit auf etwas lenke, das ich allein gewählt habe, etwas, das nicht mich ergreift, sondern das ich ergreife. Der Unterschied zwischen einer bewußt gerichteten und einer von außen gelenkten Aufmerksamkeit ist derselbe, wie wenn ich Dinge bewußt tue oder ihnen ihren Lauf lasse, aus mir selbst heraus lebe oder von fremden Mächten ‹gelebt werde›. Kein Gegenstand könnte von größerem Interesse sein, keiner nimmt in allen herkömmlichen Lehren eine bedeutendere Mittelpunktstellung ein, und keiner wird im Denken der modernen Welt stärker vernachlässigt, mehr mißverstanden und verzerrt.

In seinem Buch über *Yoga* spricht Ernest Wood von einem Zustand, den er (wie ich meine, zu Unrecht) Kontemplation nennt. Er sagt:

«Ja, oft ‹verlieren wir uns selbst›. Wir spähen in das Büro oder Arbeitszimmer eines Menschen, gehen auf Zehenspitzen fort und flüstern unseren Gefährten zu: ‹Er ist in Gedanken verloren.› Ich kannte einen Mann, der häufig Vorträge hielt über Themen, die viel Nachdenken erforderten. Er sagte mir, daß er sich die Fähigkeit angeeignet habe, beim Beginn eines Vortrags sich selbst aus seinen Gedanken zu verbannen – sich vollständig selbst zu vergessen – und im Geiste auf sein Thema wie auf eine Landkarte zu schauen, auf der er einem Reiseweg folgte, während die gesprochenen Worte hervorströmten, in völligem Gehorsam gegenüber den aufeinanderfolgenden Gedanken, die zur Betrachtung standen. Er erzählte mir, daß er sich vielleicht zwei- oder dreimal während des Vortrags seiner selbst bewußt würde; am Ende sei er beim Hinsetzen überrascht, daß er es gewesen wäre, der den Vortrag gehalten hätte. Und doch erinnerte er sich voll an alles; . . .»[14]

Das ist eine sehr gute Beschreibung eines Menschen, der wie eine programmierte Maschine handelt, ein Programm ablaufen läßt, das zu einem früheren Zeitpunkt entwickelt wurde. Der Programmierer selbst wird gar nicht mehr gebraucht und kann sich innerlich distanzieren. Läßt die Maschine ein gutes Programm ablaufen, hält sie eine gute Vorlesung. Bei einem schlechten Programm ist die Vorlesung ebenfalls schlecht. Uns allen ist die Möglichkeit, ‹Programme› ablaufen zu lassen, durchaus vertraut, z. B. wenn wir Auto fahren und zugleich an einer interessanten Unterhaltung teilnehmen. Paradoxerweise können wir durchaus ‹aufmerksam›, sorgfältig und rücksichtsvoll fahren, dennoch ist all unsere wirkliche Aufmerksamkeit der Unterhaltung zugewandt. Ist es uns gleichermaßen möglich, unsere Aufmerksamkeit dorthin zu wenden, wo wir sie haben wollen, unabhängig von irgendeiner ‹Anziehungskraft›, und sie dort so lange zu lassen, wie wir das wollen? Um die Wahrheit zu sagen: nein. Solche Augenblicke vollständiger Freiheit und Selbstreflexivität sind überaus selten. Der größte Teil unseres Lebens wird in einer Art von innerer Knechtschaft verbracht. Dies oder jenes nimmt uns gefangen, wir treiben so in unserer Sklaverei dahin und führen Programme aus, die in unsere Maschine eingespeist wurden, ohne daß wir wissen, wie, wann oder von wem.

Der erste Untersuchungsgegenstand bei dem, was ich ‹Bereich eins› genannt habe, ist daher die *Aufmerksamkeit.* Das führt unmittelbar zu einer Untersuchung der Frage, inwieweit wir mechanisch bestimmt sind. Die beste mir bekannte Hilfe dabei ist das Buch von P. D. Ouspensky, *The Psychology of Man's Possible Evolution.*

Ouspenskys Beobachtung, daß wir uns jederzeit in einem der drei verschiedenen ‹Zustände› oder ‹Teile des Selbst› –

dem mechanischen, emotionalen oder intellektuellen (um seine Terminologie zu benutzen) – befinden können, auf ihren Wahrheitsgehalt zu prüfen, fällt uns nicht schwer. Das Hauptkriterium zur Bestimmung dieser verschiedenen ‹Teile› ist das Maß unserer Aufmerksamkeit.

«Im mechanischen Teil sind wir unaufmerksam oder abgelenkt. Wird die Aufmerksamkeit vom Gegenstand der Beobachtung oder des Nachdenkens gefesselt und dort gehalten, befinden wir uns im emotionalen Teil. Im intellektuellen Teil befinden wir uns dann, wenn die Aufmerksamkeit durch unseren Willen gelenkt wird und auf den Gegenstand gerichtet bleibt.»[15]

Um nun uns dessen bewußt zu sein, wo unsere Aufmerksamkeit sich befindet und was sie tut, müssen wir in einer ziemlich strengen Bedeutung des Wortes *wach* sein. Wenn wir mechanisch handeln, denken oder empfinden, wie ein programmierter Computer oder eine andere Maschine, sind wir offensichtlich nicht in diesem Sinne wach und handeln, denken oder empfinden nicht so, wie wir wollen. Wir können zwar hinterher sagen: «Das habe ich nicht gewollt» oder «Ich weiß nicht, was über mich gekommen ist». Möglicherweise verpflichten wir uns, beabsichtigen wir und versprechen sogar feierlich, allerlei zu tun. Geraten wir aber irgendwann doch in etwas hinein, das ‹wir nicht wollten› oder werden von etwas gedrängt, das ‹über uns kommt›, was sind dann unsere Absichten wert? Wenn unsere Aufmerksamkeit nicht wach ist, reflektieren wir gewiß nicht uns selbst und sind dann nicht eigentlich Menschen. Wir handeln dann in Wahrheit hilflos und gehorchen unkontrollierten inneren Antrieben oder äußeren Zwängen, ganz wie Tiere.

Es bedurfte nicht der Heraufkunft der modernen Psychologie, um etwas über diese wesentlichen Dinge zu erfahren. Das herkömmliche Wissen, einschließlich aller großen Religionen, hat sich, wie schon zuvor erwähnt, stets als ‹Weg› verstanden und eine Art von Erweckung zum Ziel gehabt. Man hat den Buddhismus als ‹Lehre der Erweckung› beschrieben. Im Neuen Testament werden die Menschen immer wieder ermahnt, wach zu bleiben, zu wachen, nicht einzuschlafen. Zu Beginn der *Göttlichen Komödie* findet Dante sich in einem dunklen Walde, und er weiß nicht, wie er dorthin kam: «*So war ich schwer vom Schlaf zu jener Stunde, / Da ich den wahren Weg verlassen hatte.*» Nicht der körperliche Schlaf ist der Feind des Menschen, sondern die ziellose Unrast seiner Aufmerksamkeit macht ihn unfähig, elend, und läßt ihn auf einer Ebene unterhalb der menschlichen verharren. Ohne Selbstreflexivität, das heißt ohne ein Bewußtsein, das seiner selbst bewußt ist, glaubt der Mensch nur, sich in der Gewalt zu haben, über einen freien Willen zu verfügen und zur Ausführung seiner Absichten fähig zu sein. In Wirklichkeit hat er, wie Ouspensky sagen würde, keine größere Freiheit, Absichten zu entwickeln und ihnen entsprechend zu handeln, als eine Maschine. Nur ganz gelegentlich, in den Augenblicken, da er sich seiner geistigen Möglichkeiten bewußt ist, verfügt er über diese Freiheit, und seine wichtigste Aufgabe liegt darin, auf die eine oder andere Weise dafür zu sorgen, daß diese Selbstreflexivität andauert und kontrollierbar wird.

Dazu haben die verschiedenen Religionen unterschiedliche Möglichkeiten entwickelt. Wir können hier nur einige wenige Beispiele betrachten. Das ‹Herz der buddhistischen Meditation› ist *satipatthāna* oder das Rechte Verständnis. Einer der bedeutendsten buddhistischen Mönche der Gegenwart, Nyanaponika Thera, leitet sein Buch über diesen Gegenstand mit folgenden Worten ein:

«Die Absicht dieses Buches ist es daher, Hilfe zu geben für das Verständnis dieses bedeutsamen Lehrtextes und Anweisungen für die Praxis der darin dargelegten Methode der Geistesschulung. Dies geschieht in der Überzeugung, daß die hier gelehrte systematische Ausbildung der Achtsamkeit und Bewußtseinsklarheit eine einfache, gründliche und wirksame Methode darstellt, um dem Menschen in seiner alltäglichen Bedrängnis und Wirrsal zu helfen; und darüber hinaus ihn für das höchste Ziel vorzubereiten: für die endgültige Befreiung des Geistes von den drei großen Leidbringern, Gier, Haß und Verblendung ... Es ist ein Weg, der heute ebenso gangbar ist wie vor 2500 Jahren; in den Ländern des Westens ebenso wie in denen des Ostens; für den Menschen im weltlichen Getriebe ebenso wie für den Mönch im Frieden seiner Zelle.»[16]

Der Kern der Ausbildung des Rechten Verständnisses ist eine größere Intensität und Qualität des Beobachtens (der Achtsamkeit), und der Kern der *Qualität* des Beobachtens seine *Ausschließlichkeit.*

«Reines Beobachten ist das klare, unabgelenkte Beobachten dessen, was im Augenblick der jeweils gegenwärtigen Erfahrung (einer äußeren oder inneren) wirklich vor sich geht. Es ist die unmittelbare Anschauung der eigenen körperlichen und geistigen Daseinsvorgänge, soweit sie in den Spiegel unserer Aufmerksamkeit fallen. Dieses Beobachten gilt als ‹rein›, weil sich der Beobachter dem Objekt gegenüber rein aufnehmend verhält, ohne mit dem Gefühl, dem Willen oder Denken bewertend Stellung zu nehmen und ohne durch Handeln auf das Objekt einzuwirken. Es sind die ‹reinen Tatsachen›, die hier zu Wort kommen sollen. Wenn sich nun aber an ein anfänglich reines Registrieren dieser Tatsachen aus alter Gewohnheit doch wieder gleich Bewertungen und andere Reaktionen anschließen, so sollen dann eben diese Reaktionen selber sofort wieder zum Gegenstand Reinen Beobachtens werden.»[17]

Diese wenigen Hinweise mögen genügen, um das Wesentliche der Methode zu zeigen: Reines Beobachten ist nur dadurch erreichbar, daß alles ‹innere Geschwätz› zum Schweigen gebracht oder, wenn das nicht möglich ist, ‹rein aufnehmend› beobachtet wird. Es steht über dem Denken, Argumentieren, über Vernunftgründen und Meinungen – jenen wesentlichen und dennoch untergeordneten Tätigkeiten, die die Einsichten, die man durch Reines Beobachten gewinnt, einordnen, verbinden und in Worte fassen. «Mit

Hilfe des Reinen Beobachtens», sagt Nyanaponika, «geht die Achtsamkeit hinab zu den Wurzeln der Dinge . . .» Sie richtet sich «zunächst auf jene (oben erwähnte) erste Phase des Wahrnehmungsprozesses, wo sich der Geist noch rein aufnehmend verhält.»[18]

Mit den Worten des Buddha gesagt: «Das Gesehene soll lediglich ein Gesehenes sein, das Gehörte lediglich ein Gehörtes, das (durch die drei anderen Körpersinne) Empfundene lediglich ein (so) Empfundenes, das Erkannte lediglich ein Erkanntes.»[19]

Kurz, Buddhas Weg zum Verständnis ist so angelegt, daß der Vernunft des Menschen wahrhaftes und unverfälschtes Material vorgelegt wird, bevor sie mit der Suche nach Vernunftgründen beginnt. Wodurch aber wird das Material verfälscht? Offensichtlich durch die Ichbezogenheit des Menschen, sein Gebundensein an Interessen, Wünsche oder, in der Sprache des Buddhismus, seine Habsucht, seinen Haß und seine Verblendung.

Religion ist die Neuverbindung *(re-legio)* des Menschen mit der Wirklichkeit, ganz gleich, ob er diese Wirklichkeit Gott, Wahrheit, Allah, Sat-Chit-Ananda oder Nirwana nennt. Die Methoden, die in der christlichen Überlieferung entstanden sind, und das überrascht nicht, werden zwar gänzlich anders formuliert, laufen aber auf dasselbe hinaus. Nichts läßt sich erreichen oder erzielen, solange das kleine egozentrische ‹Ich› im Wege steht – es kann sogar viele kleine egozentrische und in keiner Weise zusammenhängende ‹Ichs› geben. Um aber von diesem ‹Ich› wegzukommen, muß der Mensch sich ‹Gott› zuwenden – mit ‹schlichtem Verlangen›, wie es in einem berühmten englischen Werk, *Die Wolke des Nichtwissens*, heißt: «Es genügt ein schlichtes, einfaches Verlangen, eine Sehnsucht, die einzig auf ihn gerichtet ist.» Der Feind dabei ist das Dazwischentreten des *Denkens*.

«Sollte je ein Gedanke auftreten und sich zwischen dich und die Dunkelheit schieben, dich fragen, was du suchst und was du willst, antworte, daß es Gott sei: ‹Nach ihm such ich, ihn erstreb ich, nichts als ihn.› . . . Es ist durchaus möglich, daß er [der Gedanke] dir viel Liebliches und Wunderbares von seiner Güte vorgaukelt . . . Er wird unaufhörlich plappern . . . [und] dein Geist wird weit weg sein, dort, wo er sich gewöhnlich aufhält. Ehe du weißt, wo du dich befindest, hast du dich über alle Vorstellungskraft hinaus aufgelöst! Und warum? Lediglich, weil du aus freiem Entschluß jenem Gedanken gelauscht, ihm geantwortet, ihn akzeptiert und ihm seinen Willen gelassen hast.»[20]

Nicht um gute oder schlechte Gedanken geht es hier. Wirklichkeit, Wahrheit, Gott, das Nirwana lassen sich nicht durch Denken finden, weil Denken der Seinsstufe angehört, die durch Bewußtsein, nicht aber jener höheren, die durch Selbstreflexivität gekennzeichnet ist. Auf dieser Stufe hat das Denken seinen angestammten, wenn auch untergeordneten Platz. Gedanken können nicht zur ‹Erweckung› führen, weil es darum geht, vom Denken zum ‹Sehen› zu erwachen. Das Denken kann eine beliebige Anzahl von Fragen aufwerfen, die möglicherweise alle interessant sind, ohne daß die Antworten darauf zum Erwachen führen. Im Buddhismus heißen sie ‹müßige Ansichten›:

«Das nennt man, ihr Mönche, Gasse der Ansichten, Höhle der Ansichten, Schlucht der Ansichten, Dorn der Ansichten, Garn der Ansichten. . . .
Dünken, Mönch, ist Kranksein. Dünken ist Wundsein, Dünken ist Leiden: ist aber alles Dünken, Mönch, überstanden, so wird man ‹Still-Denker› genannt.»[21]

Was ist Yoga? Dem größten Yogalehrer, Patanjali (ca. 300 v. Chr.), zufolge ist «Yoga die Beherrschung der Gedanken». Unsere Lebensumstände sind nicht einfach die Tatsachen, denen wir begegnen, sondern auch und mehr noch die Vorstellungen in unserem Geist. Man kann nicht Herrschaft über Umstände gewinnen, ohne zuvor Herrschaft über die Vorstellungen im eigenen Geist zu gewinnen. Die wichtigste – und auch die universalste – Lehre aller Religionen ist, daß *vipassana*, die Klarheit des Blickes, nur durch den zu erreichen ist, dem es gelingt, die ‹denkende Funktion› an ihre angemessene Stelle zu setzen, so daß sie Schweigen bewahrt, wenn ihr Schweigen geboten wird, und nur dann in Tätigkeit tritt, wenn man ihr eine genau umrissene bestimmte Aufgabe stellt. Hier ist ein weiteres Zitat aus *Die Wolke des Nichtwissens*:

«Weise also alle Gedanken und Bilder ab . . . Sie werden kommen! *Wirst du nicht Herr über sie, so werden sie ganz sicher Herr über dich.*»[22]

Während Yoga der Kern des indischen Weges ist, ist es beim Christentum das Gebet. Gott um Hilfe zu bitten, ihm zu danken und ihn zu lobpreisen, sind legitime Zwecke des christlichen Gebets. Dennoch geht das Wesen des Gebets über sie hinaus. Der Christ soll ‹ohne Unterlaß beten›. Jesus «sagte ihnen aber ein Gleichnis davon, daß man allezeit beten und nicht laß werden solle» (Lukas 18, 1). Diese Aufforderung hat die ernsteste Aufmerksamkeit von Christen aller Jahrhunderte auf sich gezogen. Die berühmteste Stelle dazu findet sich vielleicht in den *Erzählungen eines russischen Pilgers*, einem anonymen Juwel der Weltliteratur, das erstmalig im Jahre 1884 in Rußland gedruckt wurde.

«. . . gelesen wurde aus der Epistel an die Thessalonicher im fünften Kapitel der siebzehnte Vers; der lautet: *Betet ohne Unterlaß.* Dieses Wort prägte sich mir besonders ein, und ich begann darüber nachzudenken, wie man wohl ohne Unterlaß beten könne, wenn doch ein jeder Mensch auch andere Dinge verrichten muß, um sein Leben zu erhalten . . .
‹Was tu ich nun?› dachte ich bei mir. ‹Wo finde ich einen, der es mir deutet?›»

Der Pilger empfängt dann die *Philokalia*[24]. Sie ‹enthält die vollständige und genaue Wissenschaft über das unablässige innere Gebet, dargelegt von fünfundzwanzig heiligen Vätern›.

Dies innere Gebet wird auch ‹Gebet des Herzens› genannt. Wenn es auch im Westen keineswegs unbekannt ist, gelangte es vor allem in der griechischen und russischen orthodoxen Kirche zur Vollkommenheit. Im wesentlichen geht es darum, ‹mit dem Geist im Herzen vor Gott zu stehen›. Das wurde wie folgt erklärt:

«Der Begriff ‹Herz› hat in der orthodoxen Lehre vom Menschen eine besondere Bedeutung. Wenn Menschen im Westen heute vom Herzen sprechen, meinen sie gewöhnlich Empfindungen und Gefühle. In der Bibel jedoch hat das Herz, wie in den meisten asketischen Texten der orthodoxen Kirche, einen weit größeren Bedeutungsumfang. Es ist das Hauptorgan für das Dasein des Menschen, für das körperliche wie für das geistige. Es ist der Kern seines Lebens, das bestimmende Prinzip all unseres Tuns und Strebens. Als solches schließt das Herz offensichtlich auch die Gefühle und Empfindungen ein, daneben aber noch vieles andere: Es umfaßt in Wirklichkeit alles, aus dem das besteht, was wir eine ‹Person› nennen.»[25]

Nun ist die *Person* von anderen Lebewesen durch die geheimnisvolle Kraft der Selbstreflexivität unterschieden. Der Sitz dieser Kraft aber ist, wie wir bereits angemerkt haben, im Herzen, wo sie tatsächlich als eine besondere Art von Wärme empfunden werden kann. Das Gebet des Herzens, normalerweise das Jesus-Gebet (das im Deutschen lautet: «Jesus, Sohn Davids, erbarme Dich meiner»), wird durch das Denken *im Herzen* endlos wiederholt. Das kräftigt, bildet und ändert die gesamte Person. Einer der großen Lehrer in dieser Sache, Theophan der Klausner (1815 bis 1894) erklärt wie folgt:

«Um den Verstand mit Hilfe eines kurzen Gebetes beständig auf einen Gegenstand zu konzentrieren, muß man die Aufmerksamkeit bewahren und so ins Herz lenken: denn solange der Verstand im Kopf verharrt, wo die Gedanken durcheinanderwirbeln, hat er keine Zeit, sich auf eine einzelne Sache zu konzentrieren. Wenn aber die Aufmerksamkeit ins Herz hinabsteigt, zieht sie dort alle Kräfte des Leibes und der Seele zusammen. Diese Konzentration allen menschlichen Lebens auf eine Stelle findet im Herzen durch eine besondere Empfindung unmittelbare Resonanz. Diese Empfindung, der Anfang künftiger Wärme, obschon zu Anfang schwach, wird allmählich stärker, fester, tiefer. Zuerst ist sie nur lauwarm, wird dann zu einem warmen Gefühl und zieht alle Aufmerksamkeit gänzlich auf sich. Und so geschieht es, daß diese Aufmerksamkeit, obzwar sie zu Anfang durch eine Willensanstrengung im Herzen gehalten wurde, im Laufe der Zeit durch ihre eigene Kraft Wärme im Herzen entstehen läßt. Diese Wärme hält dann die Aufmerksamkeit ohne besondere Anstrengung fest. Die beiden unterstützen einander weiterhin und müssen untrennbar bleiben, denn eine Zerstreuung der Aufmerksamkeit läßt die Wärme erkalten, und eine Verminderung der Wärme schwächt die Aufmerksamkeit.»[26]

Die Behauptung, eine endlose stille Wiederholung einer kurzen Wortfolge führe zu einem innerlichen Ergebnis, das sozusagen an *körperlichen* Empfindungen *seelischer* Wärme erkennbar ist, ist der modernen Vorstellungswelt so fremd, daß man sie gern als Mumpitz abtut. Unsere Ehrfurcht vor Tatsachen und unsere Sachlichkeit, auf die wir so schrecklich stolz sind, ermutigen uns nicht gerade zu einem solchen Versuch. Warum nicht? Weil ein solcher Versuch zum Erwerb bestimmter Einsichten und bestimmter Arten des Wissens führt, die uns nicht mehr verlassen, wenn wir uns ihnen erst einmal eröffnet haben. Sie werden uns eine Art Ultimatum stellen – entweder ändert ihr euch oder geht unter. Die moderne Welt liebt Dinge, mit denen sie tändeln kann – mit den Ergebnissen eines unmittelbaren Zugangs zur Untersuchung und Entwicklung der Selbstreflexivität jedoch läßt sich nicht tändeln.

Der erste Wissensbereich ist anders gesagt ein Minenfeld für jeden, der nicht anerkennt, daß die ‹*invisibilia*› auf der menschlichen Seinsstufe unendlich mehr Macht und Bedeutung haben als die ‹*visibilia*›. Diese grundlegende Wahrheit zu lehren war in der Vergangenheit Aufgabe der Religion. Da aber die westliche Zivilisation die Religion aufgegeben hat, bleibt nichts, wodurch diese Lehre weitergegeben werden könnte. Die westliche Zivilisation wurde folglich unfähig, sich mit den wirklichen Schwierigkeiten des Lebens auf der menschlichen Seinsstufe zu beschäftigen. Sie ist zwar auf den unteren Stufen von atemberaubender Tüchtigkeit, doch wenn es um die wesentlichen menschlichen Anliegen geht, weiß und kann sie nichts. Ohne die Weisheit und die Lehren wahrhafter Religion bleibt der erste Wissensbereich vernachlässigt, eine von teilweise giftigem Unkraut überwucherte Einöde. Nützliche und heilkräftige Pflanzen können dort noch wachsen, aber nur gleichsam zufällig. Ohne Selbstreflexivität (in der vollen Bedeutung des ‹Faktors *z*›) handelt, spricht, lernt und reagiert der Mensch mechanisch, wie eine Maschine: auf der Grundlage von ‹Programmen›, die zufällig, unabsichtlich und mechanisch erworben wurden. Er ist sich der Tatsache gar nicht bewußt, daß er nach Programmen handelt; deswegen ist es auch nicht schwer, ihn umzuprogrammieren – ihn Dinge denken und tun zu lassen, die völlig anders sind, als die, die er vorher gedacht und getan hatte –, wenn nur gewährleistet ist, daß das neue Programm ihn nicht aufweckt. Einen wachen Menschen kann niemand programmieren: er programmiert sich selbst.

Diese alte Lehre, die ich hier lediglich in modernen Begriffen ausdrücke, geht davon aus, daß nicht nur ein, sondern zwei Bestandteile oder wirkende Kräfte gegeben sind – der Programmierer und der Computer. Dieser funktioniert ohne die Aufmerksamkeit des Erstgenannten völlig einwandfrei – als Maschine. Das Bewußtsein – ‹Faktor *y*› – funktioniert – wie das an allen höheren Tieren zu erkennen ist – völlig einwandfrei ohne Selbstreflexivität, den ‹Faktor *z*›. Daß die Fülle des menschlichen Intellekts sich nicht nur durch ein einziges Element erklären läßt, ist die universelle Aussage aller großen Religionen, eine Aussage, die kürzlich durch die moderne Wissenschaft bekräftigt wurde. Unmittelbar vor seinem Tode hat der weltberühmte Neurologe und Gehirnchirurg Dr. Wilder Penfield im Alter von vierundachtzig Jahren eine *Summa* seiner Ergebnisse mit dem Titel *The Mystery of the Mind* veröffentlicht. Er sagt:

«Während meiner eigenen wissenschaftlichen Laufbahn habe ich mich, wie auch andere Wissenschaftler, bemüht nachzuweisen, daß das Gehirn den Intellekt hinreichend erklärt. Doch ist jetzt vielleicht die Zeit gekommen, da wir mit Gewinn die bisherigen Ergebnisse betrachten und uns fragen können: *Reichen die Mechanismen des Gehirns hin, den Intellekt zu erklären?* Läßt der Intellekt sich vollständig durch das erfassen, was wir inzwischen über das Gehirn wissen? Falls nicht, welche ist die vernünftigere der beiden möglichen Hypothesen: daß das Sein des Menschen auf einem oder auf zwei Elementen beruht?»[27]

Dr. Penfield kommt zu dem Ergebnis, daß «der Intellekt unabhängig vom Gehirn auf dieselbe Weise zu handeln scheint, wie ein Programmierer unabhängig von seinem Computer handelt, wie sehr er auch für bestimmte Zwecke auf das Tun dieses Computers angewiesen sein mag». Er erklärt weiter:

«Da mir sicher zu sein scheint, daß es immer ganz und gar unmöglich sein wird, den Intellekt auf der Grundlage dessen zu erklären, was die Nervenzellen im Gehirn tun, und da mir scheint, daß der Intellekt sich im Verlauf eines Menschenlebens unabhängig entwickelt und zur Reife kommt, als wäre er ein fortdauerndes Element, und da ein Computer (denn nichts anderes ist das Gehirn) von einer Stelle aus betrieben werden muß, die zu unabhängigem Verstehen fähig ist, sehe ich mich zu der Formulierung gezwungen, daß unser Sein auf der Grundlage zweier fundamentaler Elemente erklärt werden muß.»[28]

Offensichtlich rangiert der Programmierer ‹höher› als der Computer, so wie das, was ich Selbstreflexivität genannt habe, ‹höher› ist als das Bewußtsein. Den ersten Wissensbereich zu untersuchen bedeutet zugleich, den ‹höheren› Faktor systematisch auszubilden. Der Programmierer läßt sich nicht einfach dadurch ausbilden, daß man den Computer regelmäßiger oder rascher laufen läßt. Er braucht nicht nur Fakten- und Theoriewissen, sondern muß auch über Verständnis oder Einsicht verfügen. Es überrascht nun keineswegs, daß die Prozesse zum Erwerb von Einsicht sich von denen zum Erwerb von Faktenwissen grundlegend unterscheiden. Viele Menschen vermögen den Unterschied zwischen Wissen und Einsicht nicht zu sehen und betrachten daher Übungsmittel wie das *satipatthāna*, Yoga oder unaufhörliches Gebet als eine Art abergläubischen Unsinns. Solche Ansichten bringen uns nicht weiter und zeigen lediglich einen Mangel an *adaequatio* an. Alle systematische Bemühung führt zu gewissen Ergebnissen:

«Das Jesus-Gebet hat die Aufgabe, den Menschen ständig daran zu erinnern, daß er *allezeit* nach innen blicken soll, um sich seiner flüchtigen Gedanken, plötzlichen Empfindungen und sogar Bewegungen klarzuwerden, so daß er den Versuch machen kann, Herrschaft über sie zu gewinnen ... Durch gründliche Erforschung und Beobachtung seines inneren Selbst wird er ein größeres Wissen seiner Wertlosigkeit erlangen, das ihn mit Verzweiflung füllen mag ... Das sind die Geburtswehen des Geistes und das Stöhnen, mit dem die geistige Natur des Menschen erwacht ... Es empfiehlt sich, das Gebet ‹still› zu wiederholen. Stille soll hier auch die innere Stille mit einschließen, die Stille des eigenen Geistes, das Verharren der Vorstellungskraft angesichts des stets unruhigen und allgegenwärtigen Stromes von Gedanken, Worten, Eindrücken, Bildern und Träumereien, die den Menschen in einem Schlaf gefangenhalten. Das ist nicht leicht, da der Geist nahezu aus sich selbst heraus wirkt.»[29]

Wenige westliche Philosophen der Moderne haben den Verfahren zur Untersuchung des ersten Wissenbereichs ernsthafte Aufmerksamkeit zugewandt. Eine seltene Ausnahme ist W. T. Stace, der ab 1935 etwa fünfundzwanzig Jahre lang

Philosophieprofessor an der Princeton University war. In seinem Buch *Mysticism and Philosophy*[30] stellt er die längst überfällige Frage: «Welchen Einfluß, wenn überhaupt einen, hat die sogenannte ‹mystische Erfahrung› auf die wichtigeren Probleme der Philosophie?» Seine Forschungen führten ihn zur ‹verinnerlichten Art mystischer Erfahrung› und damit zu den Methoden jener, die solche Erfahrungen suchen. Vielleicht ist die Wahl des Wortes ‹mystisch› durch Professor Stace etwas unglücklich, da es eine etwas *mystische* Bedeutung angenommen hat, wo es doch in Wirklichkeit um nichts anderes geht als die aufmerksame Erforschung des eigenen inneren Lebens. Das läßt jedoch seine Beobachtungen nicht minder wichtig und beachtenswert erscheinen.

Vor allem weist er darauf hin, daß es *keinem Zweifel* unterliegt, daß die grundlegenden psychologischen Tatsachen im Zusammenhang mit dieser ‹nach innen gewandten Erfahrung› im wesentlichen «in allen Kulturen, Religionen und Zeitaltern überall auf der Welt gleich sind». Professor Stace schreibt als Philosoph und erhebt nicht den Anspruch, irgendeine persönliche Erfahrung mit diesen Dingen gemacht zu haben. Daher findet er sie durchaus seltsam. «Sie sind», sagt er, «so außergewöhnlich und paradox, daß es jemandem, der nicht auf sie vorbereitet ist, schwerfallen muß, sie zu glauben.» Er zeigt dann «die behaupteten Tatsachen, so wie die Mystiker sie darstellen, ohne Kommentar und ohne ein Urteil darüber abzugeben». Wenn er auch die Tatsachen in Begriffe faßt, die kein Mystiker je verwendet hat, ist seine Methode so klar, daß ihre summarische Wiederholung hier der Mühe wert erscheint:

«Man stelle sich vor, man versperrte den körperlichen Sinnen den Zutritt, so daß keinerlei Empfindungen ins Bewußtsein eindringen können ... Es scheint keinen Grund zu geben, warum nicht jemand, der sich wirkliche Mühe gibt ... von vornherein durch ein hinreichendes Maß an Konzentration und geistige Herrschaft alle physischen Empfindungen aus seinem Bewußtsein ausschließen sollte.

Mystiker -> Meditation

Wir nehmen weiterhin an, daß nach Ausschluß aller Empfindungen vom Bewußtsein weiterhin alle sinnenhaften Bilder, dann alle abstrakten Gedanken, Argumentationsprozesse, Willensakte und sonstige besondere Inhalte ausgeschlossen werden – was bliebe dann vom Bewußtsein? Es gäbe keinerlei geistigen Inhalt, sondern nurmehr eine vollständige Inhaltslosigkeit, ein Vakuum, eine Leere.»[31]

Genau dieses Ziel verfolgen selbstverständlich jene, die ihr Innenleben kennenlernen wollen: den Ausschluß aller von den Sinnen oder vom ‹Denkvorgang› ausgehenden störenden Einflüsse. Doch zeigt sich Professor Stace sehr verwirrt:

«Man würde erst einmal annehmen, das Bewußtsein höre dann vollständig auf und man falle in Schlaf oder werde bewußtlos. Doch sagen die nach innen gewandten Mystiker – Tausende von ihnen auf der ganzen Welt – einstimmig aus, daß sie diesen vollständigen Zustand geistiger Inhaltslosigkeit erreicht haben, dann aber etwas durchaus anderes als eine Bewußtlosigkeit erfahren haben. Im Gegenteil tritt ein Zustand *reiner* Bewußtheit ein – ‹rein› in dem Sinne, daß es nicht das Bewußtsein *von* irgendeinem erfahrbaren Inhalt ist. Es hat keinen Inhalt außer sich selbst.»[32]

In der Sprache, deren ich mich zuvor bedient habe, könnten wir sagen: der Programmierer tritt auf, der selbstverständlich nichts vom ‹Inhalt› des Computers an sich hat. Wieder anders gesagt kommt der Faktor *z* – die Selbstreflexivität – erst dann, und nur dann, ganz zur Wirkung, wenn der Faktor *y* – Bewußtsein – seine zentrale Rolle aufgibt. Professor Stace sagt: «Das Paradoxe daran ist, daß es eine wirkliche Erfahrung geben soll ohne einen wirklichen Inhalt – eine Erfahrung, die zugleich etwas und nichts ist.»[33]

Aber es gibt nichts Paradoxes an einer ‹höheren› Kraft, die an die Stelle einer ‹niedrigeren› tritt, an einer Erfahrung, die zwar etwas, aber *nichts Greifbares* ist. Das Paradox besteht nur für die, die unbedingt glauben wollen, daß es nichts gibt, das ‹höher als› ihre Alltagserfahrung und ihr

Alltagsbewußtsein ist. Wie könnten sie so etwas glauben? Sicherlich hat es für jeden im Leben Augenblicke mit mehr Bedeutung und Wirklichkeit der Erfahrung gegeben, als sie der Alltag bereithält. Solche Augenblicke sind Fingerzeige, flüchtige Blicke auf unverwirklichte Möglichkeiten, blitzartige Augenblicke der Selbstreflexivität. Professor Stace fährt mit seiner Untersuchung wie folgt fort:

«Unser normales Alltagsbewußtsein hat stets Gegenstände oder Bilder oder auch unsere eigenen Empfindungen oder Gedanken, die im Inneren wahrgenommen werden. Nehmen wir einmal an, daß wir alle physischen und geistigen Gegenstände zur Seite schieben. *Wenn das Selbst nicht damit beschäftigt ist, Gegenstände zu erfassen, wird es seiner selbst bewußt.* Das Selbst tritt selbst hervor . . .

Man kann ebenso sagen, daß der Mystiker sich seines empirischen Ego entledigt, woraufhin das reine Ego ans Licht tritt, das sonst verborgen ist. *Das empirische Ego ist der Strom des Bewußtseins. Das reine Ego ist die Ein-heit, die die Viel-heit des Stromes zusammenhält.*»[34] [Hervorhebung durch E. F. S.]

Es ist unverkennbar, daß diese sich Ansichten im wesentlichen mit denen von Wilder Penfield decken. Beide bekräftigen die zentrale Lehre der großen Religionen, die in vielen verschiedenen Sprachen und Ausdrucksweisen den Menschen drängen, sich dem ihnen innewohnenden ‹reinen Ich› oder ‹Selbst› oder der ‹Leere› oder ‹göttlichen Kraft› zu eröffnen, gleichsam vom Computer zum Programmierer hin zu erwachen, Bewußtsein durch Selbstreflexivität zu überhöhen. Nur dadurch, daß der Mensch sich von der Knechtschaft der Sinne und der Denkfunktion befreit – denn beide sind Diener und nicht Herren –, daß er seine Aufmerksamkeit von den *gesehenen Dingen* den *ungesehenen Dingen* zuwendet – ist dies ‹Erwachen› möglich. «. . . wir sehen (nicht) auf das Sichtbare, sondern auf das Unsichtbare. Denn was sichtbar ist, das ist zeitlich; was aber unsichtbar ist, das ist ewig» (2. Kor. 4, 18).

Bei der Untersuchung des von uns so bezeichneten ersten Wissensbereiches ließe sich noch weit mehr über diese größte aller Künste, die Erlangung der Selbsterkenntnis, sagen. Doch ist es sicherlich sinnvoller, sich jetzt dem *zweiten Wissensbereich* zuzuwenden. Damit ist jenes Wissen gemeint, das wir von der *inneren* Erfahrung *anderer* Lebewesen erhalten können. Eins ist gewiß: wir scheinen (wie schon gesagt) keinen unmittelbaren Zugang zu solchem Wissen zu haben. Wie aber ist dann derlei Wissen überhaupt möglich?

Je höher die Seinsstufe ist, desto bedeutungsvoller ist die innere Erfahrung, das heißt das ‹Innenleben›, verglichen mit der äußeren Erscheinung, also unmittelbar meß- und beobachtbaren Eigenschaften wie Größe, Gewicht, Farbe, Bewegung usw. Ebenso können wir dann um so wahrscheinlicher Wissen über das ‹Innenleben› anderer Lebewesen erlangen, zumindest bis hinauf zur Stufe des Menschen. Wir sind davon überzeugt, daß wir durchaus etwas von dem wissen können, was in einem anderen Menschen vor sich geht, sogar ein wenig über das Innenleben von Tieren, aber so gut wie nichts über das von Pflanzen, und ganz gewiß gar nichts über das von Steinen und anderen Objekten aus unbelebter Materie. Wenn der Apostel Paulus sagt, «. . . wir wissen, alle Kreatur sehnt sich mit uns und ängstet sich noch immerdar»[1], können wir erfassen, was er hinsichtlich der Menschen und möglicherweise der Tiere meint, haben damit aber sehr große Schwierigkeiten, sobald es um Pflanzen und unbelebte Materie geht.

Fangen wir also mit anderen Menschen an. Wie erfahren wir etwas von dem, was in ihnen vorgeht? Wie ich zuvor gesagt habe, leben wir in einer Welt *unsichtbarer* Menschen. Die meisten von ihnen wollen nicht einmal, daß wir etwas von ihrem Innenleben wissen. Sie sagen: «Misch dich nicht ein, laß mich zufrieden, kümmere dich um deine eigenen Angelegenheiten.» Selbst wenn jemand sich bisweilen einem anderen ‹offenbaren› will, fällt ihm das äußerst schwer. Er weiß nicht, wie er sich ausdrücken soll, und sagt, ohne im geringsten in die Irre führen zu wollen, vieles, was keineswegs stimmt. Voller Verzweiflung versucht er möglicherweise, sich ohne Worte verständlich zu machen – durch Gesten, Zeichen, Körperberührung, Schreie, Weinen, sogar durch Gewalttätigkeit.

Wenn wir auch stets versucht sind, das zu vergessen, wissen wir doch alle, daß unser Leben mit den Beziehungen zu anderen Menschen steht oder fällt. Noch soviel Reichtum, Gesundheit, Ruhm oder Macht kann uns nicht für unsere Verluste entschädigen, wenn diese Beziehungen versagen. Doch hängen sie alle von unserer Fähigkeit ab, andere zu verstehen, und von deren Fähigkeit, uns zu verstehen.

Die meisten Menschen scheinen zu glauben, daß das Problem der Kommunikation aus nichts weiter besteht als der Fähigkeit, dem anderen zuhören und die sichtbaren Regungen seines Körpers beobachten zu können. Anders gesagt, es genügt ihrer Ansicht nach, darauf zu vertrauen, daß die *sichtbaren* Signale anderer Menschen uns ein richtiges Bild ihrer *unsichtbaren* Gedanken, Empfindungen, Absichten usw. übermitteln. So einfach ist das leider nicht. Wir wollen die Bedingungen für Kommunikation eine nach der anderen betrachten und dabei annehmen, daß ein Mensch den aufrichtigen Wunsch hat, einem anderen seine Gedanken mitzuteilen (und von allen Möglichkeiten bewußter Irreführung absehen).

– Zuerst muß der Sprechende eine einigermaßen genaue Vorstellung davon haben, welchen Gedanken er mitteilen *will*;

– zweitens muß er sichtbare (dazu gehören auch hörbare) Symbole finden – Gesten, Körperbewegungen, Wörter, ihre Intonation usw. –, die seiner Meinung nach imstande sind, sein ‹inneres› Denken zu ‹veräußerlichen›. Das können wir ‹*die erste Übersetzung*› nennen;

– drittens muß der Zuhörer diese sichtbaren (usw.) Symbole einwandfrei wahrnehmen. Das bedeutet nicht nur, daß er genau hören muß, was gesagt wird, und natürlich die verwendete Sprache kennt, sondern auch, daß er die nicht-verbalen Symbole (wie Gestik und Intonation) genau beobachten muß, deren der andere sich bedient;

– viertens muß der Zuhörer dann in gewisser Weise die zahlreichen Symbole, die er empfangen hat, in eins fassen und Gedanken aus ihnen machen. Das können wir ‹*die zweite Übersetzung*› nennen.

Es ist nicht schwer zu erkennen, wieviel auf jeder Stufe dieses vierstufigen Prozesses falsch laufen kann, insbesondere bei den beiden ‹Übersetzungen›. Wir könnten sogar zu dem Ergebnis kommen, eine zuverlässige und genaue Kommunikation sei unmöglich. Selbst wenn der Sprechende sich vollständig über die Gedanken im klaren ist, die er mitteilen möchte, ist seine Wahl der Symbole – Gesten, Wortgruppen, Intonation – eine überaus persönliche Angelegenheit. Und wie kann selbst ein genauestens zuhörender und beobachtender Zuhörer sicher sein, daß er den von ihm empfangenen Symbolen die richtige Bedeutung beimißt? Diese Zweifel und Fragen sind nur zu berechtigt. Der beschriebene Prozeß ist überaus mühevoll und unzuverlässig, selbst wenn auf die Formulierung von Definitionen, Ausnahmen, Vorbehalten, Erklärungen und Rücktrittsklauseln ungeheuer viel Zeit und Mühe verwendet wird. Wir müssen sogleich an die Abfassung von juristischen oder diplomatischen Dokumenten denken. Hier handelt es sich, so könnte man denken, um einen Fall der Verständigung zwischen zwei ‹Computern›, wo alles auf reine Logik zurückgeführt werden muß: entweder–oder. Hier wird der Traum des Descartes Wirklichkeit: nichts zählt außer genauen, scharf abgegrenzten und völlig sicheren Vorstellungen.

Trotz allem *ist* wunderbarerweise vollkommene Verständigung im wirklichen Leben möglich, und sie kommt gar nicht so selten vor. Sie arbeitet ohne ausgeklügelte Definitionen, Vorbehalte oder Rücktrittsklauseln. Die Menschen können sogar sagen: «Mir gefällt nicht, wie du das sagst, aber ich stimme dem zu, was du meinst.» Das ist von großer Bedeutung. Ein ‹geistiges Zusammentreffen› ist möglich, für das Wörter und Gesten nur wenig mehr als eine Aufforderung sind. Wörter, Gesten, Intonation: sie können beides sein (teilweise sogar jeweils das eine und das andere) – Computersprache oder eine Aufforderung an zwei ‹Programmierer›, zusammenzukommen.

Wenn wir zu keinem wirklichen ‹geistigen Zusammentreffen› mit den Menschen gelangen können, die uns im Alltagsleben am nächsten sind, wird unser Dasein qualvoll und mühselig. Um aber zu einem solchen Zusammentreffen zu gelangen, muß ich imstande sein zu erfahren, wie es ist, ‹Du› zu sein; und ein ‹Du› muß imstande sein zu erfahren, wie es ist, ‹ich› zu sein. Beide Beteiligte müssen Wissen im von mir so genannten zweiten Wissensbereich erwerben. Da uns bekannt ist, daß zu den meisten von uns nur sehr wenig Wissen von selbst kommt und der Erwerb von tiefergehendem Wissen Anstrengungen erfordert, müssen wir uns die Frage stellen: «Was kann ich zum Erwerb tiefergehenden Wissens tun, damit ich besser verstehe, was in den Menschen vorgeht, mit denen ich zusammen lebe?»

Bemerkenswert ist nun die Tatsache, daß alle überlieferten Lehren auf diese Frage ein und dieselbe Antwort erteilen: «Man kann andere Wesen nur soweit verstehen, wie man sich selbst kennt.» Selbstverständlich sind auch gute Beobachtung und gutes Zuhören erforderlich, dennoch ist zu bedenken, daß selbst vollkommene Beobachtung und vollkommenes Zuhören zu nichts führen, wenn die auf diese Weise gewonnenen Angaben nicht richtig gedeutet und verstanden werden. Das Maß meiner Selbsterkenntnis, meiner eigenen inneren Erfahrungen ist die Voraussetzung für meine Fähigkeit zum richtigen Verständnis. Anders und unter Verwendung unserer zuvor benutzten Terminologie gesagt, muß für jeden einzelnen Punkt, auf jedem einzelnen Gebiet *adaequatio* vorliegen. Jemand, der niemals bewußt körperliche Schmerzen erfahren hat, kann unmöglich etwas über Schmerzen wissen, die andere erleiden. Selbstverständlich würde er wie jeder andere die äußeren Zeichen des Schmerzes wahrnehmen – Geräusche, Bewegungen, einen Tränenstrom – sie aber richtig zu verstehen, dieser Aufgabe wäre er keinesfalls in *angemessener* Weise gewachsen. Zweifellos würde er irgendeine Interpretation versuchen, möglicherweise fände er diese Zeichen erheiternd, bedrohlich oder einfach unverständlich. Die ‹*invisibilia*› des anderen – in diesem Fall seine innere Erfahrung des Schmerzes – blieben ihm unsichtbar.

Ich überlasse es dem Leser, den riesigen Bereich innerer Erfahrungen abzuschreiten, der das Leben von Männern und Frauen anfüllt. Wie ich zuvor betont habe, sind sie alle unsichtbar, alle äußerlicher Beobachtung unzugänglich. Das Beispiel des körperlichen Schmerzes ist deshalb so lehrreich, weil keinerlei Feinheit oder Spitzfindigkeit darin enthalten ist. Nur wenige Menschen bezweifeln die Wirklichkeit des Schmerzes, und die Erkenntnis, daß es etwas gibt, das wir alle als wirklich, wahrhaft, eine der großen ‹nicht wegzuleugnenden Tatsachen› des menschlichen Daseins anerkennen, das aber dennoch *unseren äußeren Sinnen nicht erfahrbar ist*, schockiert möglicherweise den einen oder anderen: wenn nur das als wirklich, ‹objektiv›, wissenschaftlich achtbar angesehen wird, was wir mit unseren äußeren Sinnen beobachten können, muß Schmerz als unwirklich, ‹subjektiv›, unwissenschaftlich abgetan werden. Dasselbe gilt dann für alles, was uns im Inneren bewegt – Liebe und Haß, Freude und Sorge, Hoffnung, Furcht, Angst usw. Wenn all diese Kräfte oder Bewegungen in mir nicht wirklich wirklich sind, brauchen sie nicht ernstgenommen zu werden. Wenn ich sie in mir selbst nicht ernst nehme, wie könnte ich sie dann in einem anderen als wirklich ansehen und ernst nehmen? Es ist tatsächlich bequemer anzunehmen, daß andere Wesen, einschließlich anderer Menschen, nicht wirklich leiden wie wir und nicht wirklich ein so komplexes, verzweigtes und verwundbares Innenleben haben wie wir: durch die Zeiten hindurch hat der Mensch eine unglaubliche Fähigkeit bewiesen, das Leiden anderer unerschütterlich und gleichmütig zu ertragen. Da wir außerdem (wie J. G. Bennett klug beobachtet hat[2]) dazu neigen, uns vorwiegend im Licht unserer Absichten zu sehen, die anderen nicht erkennbar sind, während wir andere hauptsächlich im Licht ihres Tuns sehen, das uns sichtbar ist, haben wir eine Situation, in der Mißverständnisse und Ungerechtigkeiten an der Tagesordnung sind.

Aus dieser Situation kann man nicht entkommen, es sei denn, man beschäftigte sich fortwährend und systematisch mit dem *ersten Wissensbereich*, durch den allein wir die Einsichten gewinnen können, die wir für die Beschäftigung mit dem zweiten Wissensbereich brauchen, das heißt Wissen von den inneren Erfahrungen anderer Wesen.

Um das Innenleben meiner Mitmenschen ernst nehmen zu können, muß ich mein eigenes ernst nehmen. Was aber heißt das? Es heißt, daß ich mich selbst in den Stand versetzen muß, wahrhaft beobachten zu können, was vorgeht, um ein Verständnis für das gewinnen zu können, was ich beobachte. In der Moderne mangelt es nicht an Verständnis dafür, daß der Mensch ein gesellschaftliches Wesen ist, denn «niemand ist eine Insel, die sich selbst genügt» (John Donne, 1572 bis 1631). Mithin mangelt es auch nicht an Ermahnungen, daß er seinen Mitmenschen lieben, zumindest aber ihm nichts Böses tun und duldsam, verständnisvoll und mitfühlend sein soll. Gleichzeitig jedoch fiel die Übung der Selbstkenntnis nahezu vollständiger Vergessenheit, wenn nicht sogar bewußter Unterdrückung anheim. Daß man seinen Mitmenschen nur lieben kann, wenn man sich selbst liebt, ihn nur verstehen kann, wenn man sich selbst versteht, daß man nur auf der Grundlage der Selbstkenntnis die ‹unsichtbare Person› zu kennen vermag, die der Mitmensch ist – diese grundlegenden Wahrheiten werden sogar von vielen berufsmäßigen Vertretern der anerkannten Religionen vergessen.

Folglich können Ermahnungen keinerlei Wirkung haben. An die Stelle wirklichen Verstehens des Mitmenschen tritt Sentimentalität, die selbstverständlich in nichts zerfließt, sobald das Eigeninteresse bedroht wird und Ängste auftreten. An die Stelle von Wissen treten Annahmen, platte Theorien, Phantasievorstellungen. Die ungeheure Beliebtheit der primitivsten und gewöhnlichsten psychologischen und wirtschaftlichen Lehren, die das Tun und die Beweggründe anderer – niemals unsere eigenen! – zu ‹erklären› behaupten, zeigt die katastrophalen Folgen aus dem gegenwärtigen Mangel an Vertrautheit mit dem zweiten Wissensbereich. Das wiederum ist das unmittelbare Ergebnis aus der modernen Weigerung, sich mit dem ersten Wissensbereich, der Selbsterkenntnis, zu beschäftigen.

Wer erklärtermaßen eine ‹Reise ins Innere› unternimmt, wer sich von der unaufhörlichen Unruhe des täglichen Lebens zurückzieht und Unterweisung anstrebt – *satipatthāna*, Yoga, Jesus-Gebet oder ähnliches –, ohne die wirkliche Selbstkenntnis sich nicht erreichen läßt, dem wird vorgeworfen, er sei selbstsüchtig und kehre gesellschaftlichen Pflichten den Rücken. Inzwischen werden die Krisen in der Welt immer zahlreicher, und jedermann beklagt die geringe Zahl, gar den völligen Mangel an ‹weisen› Menschen, selbstlosen Führern, vertrauenswürdigen Ratgebern und dergleichen. Es ist kaum vernünftig, solch wertvolle Eigenschaften von Menschen zu erwarten, die niemals an ihrem *Inneren gearbeitet* haben und nicht einmal verstehen würden, was mit diesen Worten gemeint ist. Sie betrachten sich wahrscheinlich als ordentliche, rechtschaffene Menschen und gute Bürger, möglicherweise als ‹Humanisten› oder als ‹Gläubige›. Es bedeutet nur sehr wenig, in welcher Weise sie über sich selbst *träumen.* Wie ein elektrisches Klavier spielen sie mechanische Musik, wie ein Computer erledigen sie zuvor erstellte Programme. Der Programmierer aber schläft. Ein wichtiger Teil des modernen ‹Programms› besteht darin, Religion als billig moralisierenden, überholten und förmlichen Dogmatismus zurückzuweisen. Damit aber wird die eigentliche, vielleicht die einzige Kraft zurückgewiesen, die uns aufwecken und auf die wahrhaft menschliche Ebene heben könnte, die der Selbstreflexivität, Selbstkontrolle, Selbstkenntnis und damit der Kenntnis und des Verstehens anderer, und die uns zugleich die Kraft verleihen könnte, anderen wenn nötig zu helfen.

Die Menschen sagen: «Das ist alles eine Frage der Verständigung.» Selbstverständlich. Doch setzt Verständigung, wie zuvor gesagt, zwei ‹Übersetzungen› voraus – vom Gedanken zum Symbol und vom Symbol zum Gedanken. Symbole lassen sich nicht wie mathematische Formeln verstehen, sie müssen *im Inneren* erfahren werden. Nicht das Bewußtsein kann sie richtig erfassen, sondern nur die Selbstreflexivität. Eine Geste beispielsweise kann nicht rein rational verstanden werden. Wir müssen uns ihrer Bedeutung im Inneren bewußt werden, und zwar eher mit unserem Körper als mit unserem Gehirn. Bisweilen liegt die einzige Art, die Stimmung oder Gefühle eines anderen zu verstehen, darin, daß man seine Haltung, seine Gesten, seine Gesichtsausdrücke nachahmt. Es besteht eine seltsame und geheimnisvolle Beziehung zwischen dem Inneren-Unsichtbaren und dem Äußeren-Sichtbaren. William James (1842 bis 1910) beschäftigte sich mit dem körperlichen Ausdruck von Gefühlen und stellte die Theorie auf, daß das von uns wahrgenommene Gefühl nichts als die Empfindung einer körperlichen Veränderung darstellt:

«Der gesunde Menschenverstand sagt: Wir verlieren unser Vermögen, sind betrübt und weinen; wir treffen einen Bären, erschrecken und laufen davon; wir werden von einem Gegner beleidigt, geraten in Zorn und schlagen zu. Die hier vertretene Hypothese aber behauptet, daß diese Reihenfolge nicht richtig ist (daß der eine psychische Zustand nicht unmittelbar durch den andern herbeigeführt wird; daß erst die körperlichen Äußerungen dazwischentreten müssen) und daß man infolgedessen behaupten muß, wir sind traurig, weil wir weinen, zornig, weil wir zuschlagen, erschrocken, weil wir zittern: statt zu sagen: wir weinen, schlagen zu oder zittern, weil wir traurig, zornig oder erschrocken sind.»[3]

Diese Hypothese, wenngleich bemerkenswerter wegen ihrer Originalität als wegen ihres Wahrheitsgehalts, lenkt das Augenmerk deutlich auf die enge Verbindung zwischen innerer Empfindung und körperlichem Ausdruck; sie weist auf eine geheimnisvolle Brücke zwischen dem Unsichtbaren und dem Sichtbaren und stellt den Körper als ein *Instrument des Wissens* heraus. Ich bezweifle nicht, daß ein Säugling viel über die Gemütsbewegungen seiner Mutter dadurch erfährt, daß er ihre Haltung und ihre Gesichtsregungen nachahmt und dann entdeckt, welche Empfindungen diesen körperlichen Ausdrucksweisen zugeordnet sind.

Aus diesen Gründen wenden alle auf den Erwerb von Selbstkenntnis zielenden Verfahren (Bereich eins) einen großen Teil der Aufmerksamkeit den Körperhaltungen und Gesten zu, denn der erste Schritt auf dem Wege zur Kontrolle der Denkfunktionen besteht, ganz vorsichtig gesagt, darin, Kontrolle über den Körper zu gewinnen. Unbeherrschte Körperbewegungen führen unvermeidlich zu unbeherrschter Bewegung des Geistes, einem Zustand, der jegliche ernsthafte Untersuchung der Innenwelt ausschließt.

Wenn ein hohes Maß an innerer Ruhe und Gelassenheit herbeigeführt wurde, tritt der ‹Computer› zurück, und der ‹Programmierer› kommt zu seinem Recht. Im Buddhismus wird das *vipassana* oder ‹Klarheit des Blicks› genannt. Im Christentum gibt es eine Art von Zusammentreffen mit einer höheren Seinsstufe oberhalb der des Menschen. Selbstverständlich können diejenigen von uns, die keine eigene Erfahrung mit dieser höheren Seinsstufe gemacht haben, sie sich nicht vorstellen, und die Sprache derer, die uns davon zu berichten trachten, bedeutet uns entweder nichts oder scheint uns auf einen ungeordneten Geist, wenn nicht sogar auf Verrücktheit hinzuweisen. Wir haben keine Möglichkeit, menschliche ‹Verrücktheit› von über-menschlicher ohne weiteres zu unterscheiden. Aber wir können das gesamte Leben des betreffenden Menschen betrachten. Finden sich darin zahlreiche Anzeichen großer geistiger Kraft, von Organisationsfähigkeit, Weisheit und persönlichem Einfluß, können wir, falls wir sie nicht verstehen, ganz sicher sein, daß wir

«Nicht durch die Schuld der Sterne, lieber Brutus,
Durch eigne Schuld nur Schwächlinge (sind).»

Niemand ist dem *adäquat*, was oberhalb seiner selbst liegt, auch wenn sich stets ein Anklang und eine Andeutung der Möglichkeiten und ein Ansporn zu einer wirklichen Bemühung auf eine Erweckung hin erreichen lassen.

Heutzutage wird viel davon gesprochen, daß ein ‹höherer Bewußtseinszustand› angestrebt wird. Unglücklicherweise erwächst dieses Ziel in den meisten Fällen nicht aus einer tiefen Achtung für die großen Überlieferungen der Weisheit in der Menschheitsgeschichte, die Weltreligionen, sondern beruht auf phantastischen Vorstellungen vom ‹Übergang zum Wassermann-Zeitalter› und der ‹Entwicklung des Bewußtseins›. Es geht Hand in Hand mit einer völligen Unfähigkeit, zwischen dem Spirituellen und dem Okkulten zu unterscheiden. Es scheint, daß in Wirklichkeit neue Reize gesucht werden, daß Magie und Wunder dazu dienen sollen, die Langeweile der Existenz zu vertreiben. Der Rat all derer, die von diesen Dingen etwas verstehen, geht dahin, daß *keine* okkulten Erfahrungen gesucht und ihnen, wenn sie auftreten, *keine* Aufmerksamkeit geschenkt werden soll – und sie werden nahezu unvermeidbar auftreten, wenn der Mensch ernsthaft an sich arbeitet. Der große Lehrer der buddhistischen Satipatthāna-Meditation, der Verehrungswürdige Mahasi Sayadaw (1904 bis 1955) weist den Jünger darauf hin, daß er allerlei außergewöhnliche Erfahrungen machen wird:

«Ihm wird ein strahlendes Licht erscheinen. Dem einen wird es wie das Licht einer Lampe, anderen wie ein Blitz sein, oder wie der Strahlenkranz des Mondes oder der Sonne und so weiter. Beim einen dauert die Erscheinung vielleicht nur einen Augenblick, bei anderen länger . . . Es tritt auch *Verzückung* ein . . . innere *Gelassenheit* . . . eine überaus erhabene Empfindung von *Glück* . . . Nachdem der Meditierende solches Entzücken und solches Glück zusammen mit dem ‹strahlenden Licht› erfahren hat . . . glaubt er nun: ‹Sicherlich habe ich jetzt den überweltlichen Pfad und überweltliche Erfüllung erfahren! Jetzt habe ich das Ziel der Meditation erreicht.› Das aber heißt, etwas für den Pfad halten, was nicht der Pfad ist, und stellt eine Verlockung dar, etwas anderes für die Einsicht zu halten, die sich üblicherweise in der eben beschriebenen Weise zeigt . . . Nachdem er diese Erscheinungen des strahlenden Lichtes und die anderen wahrgenommen oder sie unbeachtet gelassen hat, fährt er [der wahrhaft Suchende] unbeirrt fort wie zuvor . . . Er überwindet die Lockungen des strahlenden Lichtes, des Entzückens, der Gelassenheit, des Glücks, der Bindung usw. . . .»[4]

Christliche Heilige und Weise haben sich über diesen Punkt mit ähnlicher Klarheit ausgedrückt. Wir können den heiligen Johannes vom Kreuz (1542 bis 1591) als ein typisches Beispiel dafür ansehen:

«Durch alle diese [äußeren leiblichen Sinne] können religiösen Menschen übernatürliche Vorgänge und Dinge aufscheinen, und solches pflegt tatsächlich zu geschehen.

Nun muß man wissen, daß all dies wohl den leiblichen Sinnen von Gott her zukommen kann, *dennoch darf man sich dessen nie sicher wähnen, noch dergleichen zulassen*, vielmehr muß man es unbedingt fliehen, ohne erforschen zu wollen, ob es gut oder böse sei ... denn der leibliche Sinn ist den vernünftigen oder gar den geistigen Dingen gegenüber so unwissend wie ein Esel, ja noch mehr.

Es irrt also sehr, wer auf solche Dinge etwas gibt, und *er kommt* arg *in Gefahr, sich zu täuschen oder* zumindest *den Aufstieg ins Geistige* durchaus *zu behindern.*»[5] [Hervorhebung durch E. F. S.]

Das neue Bewußtsein, von dem heute soviel gesprochen wird, kann uns aus unseren Schwierigkeiten nicht heraushelfen und vergrößert nur die bestehende Verwirrung, es sei denn, es entstünde aus einer wahrhaften Suche nach Selbstkenntnis (der erste Wissensbereich) und geht weiter zu einer gleichermaßen ernsthaften Untersuchung des Innenlebens anderer Lebewesen (der zweite Wissensbereich) und auch zum dritten Wissensbereich, über den wir später sprechen werden. Wenn es zu bloßer Faszination durch okkulte Erscheinungen führt, gehört es dem *vierten* Wissensbereich an (der ebenfalls später abgehandelt werden soll) und kann zu einem besseren Verständnis unser selbst und unserer Mitmenschen nichts beitragen.

Die Arbeit am Inneren, oder Yoga in seinen vielerlei Gestalten, ist keine Besonderheit des Ostens, sondern gleichsam die Pfahlwurzel aller wahrhaften Religionen. Man hat Yoga eine ‹angewandte Psychologie der Religion›[6] genannt. Dazu ist zu sagen, daß Religion ohne angewandte Psychologie völlig wertlos ist. «Wer einfach eine Religion für wahrhaft hält und ihrem Glauben mitsamt ihrer dogmatischen Theologie intellektuell zustimmt, ohne ihre Wahrheit dadurch erfahren zu haben, daß er sie durch die wissenschaftlichen Methoden von Yoga überprüft, erreicht damit, daß die Blinden die Blinden führen.»[7] Diese Aussage stammt von W. Y. Evans-Wentz, der den größten Teil seines Lebens hindurch heilige Schriften aus Tibet ‹herausgab› und sie so dem Westen zugänglich machte. Er fragt:

«Soll der Mensch des Westens sich noch lange mit der Untersuchung des äußeren Universums zufriedengeben, ohne sich selbst zu kennen? Wenn der Weise Asiens, wie der Herausgeber glaubt, uns westliche Menschen zu einer Methode führen kann, wie wir wissenschaftliches Verständnis von der verborgenen Seite der Menschennatur erlangen können, ist dann nicht un-weise, wer diese Methode nicht unvoreingenommen wissenschaftlich überprüft?

Die angewandten Wissenschaften in unserem Teil der Welt beschränken sich unglücklicherweise auf Chemie, Wirtschaftswissenschaft, Mathematik, Mechanik, Physik, Physiologie und dergleichen. Anthropologie und Psychologie als angewandte Wissenschaften in dem Sinne, wie *Yoga* sie versteht, sind für die meisten der westlichen Wissenschaftler bloße Träume von nutzlosen Phantasten. Wir glauben jedoch nicht, daß dieser unvernünftigen Ansicht ein langes Leben beschieden ist.»[8]

«Angewandte Wissenschaft in dem Sinne, wie *Yoga* sie versteht», bedeutet eine Wissenschaft, die ihr Untersuchungsmaterial nicht in den Äußerlichkeiten anderer Wesen findet, sondern *in der Innenwelt des Wissenschaftlers selbst.* Natürlich ist es der Mühe nicht wert, diese Innenwelt zu untersuchen – und es läßt sich nichts daraus lernen –, wenn sie ein undurchdringliches Chaos darstellt. Während jeder die Methoden der westlichen Wissenschaft anwenden kann, der sie erlernt hat, können nur die sich der wissenschaftlichen Methoden von Yoga wirksam bedienen, die bereit sind, zuallererst durch Disziplin und systematische Arbeit an ihrem Inneren ihr eigenes Haus in Ordnung zu bringen.

Selbsterkenntnis ist, wie zuvor gesagt, Voraussetzung für das Verständnis anderer Menschen. Sie ist ebenfalls Voraussetzung für das Verständnis, zumindest in gewissem Umfang, des Innenlebens von Wesen niedrigerer Stufe: Tiere und sogar Pflanzen. Der heilige Franziskus vermochte sich mit Tieren zu verständigen, und auch andere Männer und Frauen konnten das, die ein außergewöhnliches Maß an Selbstkontrolle über und Kenntnis von sich selbst erworben hatten. Mit der zuvor verwendeten Ausdrucksweise können wir sagen: ein solches Verständnis ist dem Computer nicht möglich, sondern nur dem Programmierer. Seine Kräfte gehen gewiß weit über die hinaus, mit denen wir gewöhnlich vertraut sind, und beschränken sich nicht auf den Rahmen von Raum und Zeit.

Ernest E. Wood, der sicherlich aus der Erfahrung des Yoga sprechen konnte, sagt: «Ich möchte den Neuling vor den beiden Gefahren der Selbstbeurteilung und der Zielbestimmung warnen und ihm sagen, daß er, wenn er hohe Kräfte innerhalb, hinter und oberhalb seiner gegenwärtigen Seinsstufe dazu aufruft, sich auszudrücken, er es ihnen überlassen muß, daß sie ihr Werk in ihm tun.»[9] Es ist daher weder erforderlich noch ratsam, im Detail über diese Dinge zu sprechen. Wer wirklich sein eigenes Selbst entwickeln und nicht bloß Macht gewinnen will, wird sich mit dem Leben und den Werken von Menschen beschäftigen, die sich dem ‹Höheren Geist› untergeordnet haben und somit aus unserer gewöhnlichen Begrenzung durch Raum und Zeit ausgebrochen sind. An Beispielen aus allen Zeiten und Erdteilen mangelt es nicht.

Es wird unseren gegenwärtigen Zwecken dienlich sein, wenn wir uns kurz mit drei Fällen beschäftigen, bei denen sich in neuerer Zeit die höheren Möglichkeiten menschlichen Seins sozusagen unter unseren Augen gezeigt haben. Worauf möglicherweise zuerst hingewiesen werden sollte, ist die Verschwörung ‹offiziellen› Verschweigens aller drei, obwohl sie eine Vielzahl von Beweisen der einen oder anderen Art hinterlassen haben. Vergeblich würde der Leser nach zweien von ihnen im größten gegenwärtigen Nachschlagewerk, der *Encyclopaedia Britannica*, suchen; der dritte wird kurz und überaus voreingenommen aufgeführt, so daß der Leser den Eindruck gewinnt, es handele sich um einen Fall von Hysterie und möglicherweise absichtlicher Täuschung, der ernsthaften Interesses nicht wert ist.

Der erste Fall ist der des Jakob Lorber, der im Jahre 1800 in der Steiermark geboren wurde. Sein Vater besaß zwei kleine Weinberge, die der Familie einen bescheidenen Lebensunterhalt ermöglichten. Zugleich aber war er ein Musiker, der praktisch alle Instrumente spielen und als Dirigent etwas hinzuverdienen konnte. Der älteste Sohn, Jakob – er hatte zwei jüngere Brüder – lernte Orgel, Klavier und Geige spielen und bewies eine außergewöhnliche musikalische Begabung. Doch mußte er bis zu seinem vierzigsten Lebensjahr warten, bevor ihm eine Stelle angeboten wurde, die ihm die Möglichkeit versprach, seine Talente zu nutzen. Er war im Begriff, Graz zu verlassen, um diese neue Stelle in Triest anzutreten, als er in sich eine sehr deutliche Stimme hörte, die ihm gebot: «Stehe auf, nimm deinen Griffel und schreibe!» Das war am 15. März 1840. Jakob Lorber blieb in Graz und schrieb nieder, was die innere Stimme ihm diktierte, bis er im Alter von vierundsechzig Jahren, am 24. August 1864, starb. Was er in diesen vierundzwanzig Jahren hervorbrachte, entspricht einem Werk von fünfundzwanzig Bänden zu je 400 Seiten, einer monumentalen ‹Neubotschaft›. Die Originalmanuskripte existieren noch, und sie zeigen einen völlig gleichmäßigen Schriftfluß, mit nur ganz geringfügigen Verbesserungen. Viele Berühmtheiten seiner Zeit waren eng mit Lorber befreundet. Einzelne von ihnen unterstützten ihn während der vierundzwanzig Jahre seines Schreibens mit Lebensmitteln und Geld, da ihm kaum Zeit blieb, einen Lebensunterhalt zu verdienen. Einige haben ihre Eindrücke von diesem demütigen und gänzlich bescheidenen Mann niedergeschrieben, der in Armut lebte und seine Aufgabe des Schreibens oft als sehr schwere Bürde empfand.

Das Hauptwerk Lorbers ist *Das Große Evangelium Johannis* in zehn dicken Bänden. Ich will hier nicht versuchen, diese Werke, die alle in der ersten Person Einzahl – ‹Ich,

Jesus Christus, spreche› – geschrieben sind, irgendwie zu charakterisieren. Sie enthalten viele seltsame Dinge, die der modernen Sehweise unannehmbar erscheinen, zugleich aber eine solche Fülle tiefer Weisheit und Einsicht, daß es schwerfallen würde, etwas Eindrucksvolleres in der gesamten Weltliteratur zu finden. Die Bücher Lorbers sind gleichzeitig voller Aussagen über wissenschaftliche Gegenstände, die im krassen Widerspruch zur Wissenschaft seiner Zeit standen und vieles von der modernen Physik und Astronomie vorwegnahmen. Niemand hat jemals den geringsten Zweifel daran angemeldet, daß die Lorber-Manuskripte zwischen 1840 und 1864 entstanden und von Jakob Lorber allein hervorgebracht wurden. Es gibt keine rationale Erklärung für den Umfang, die Tiefe und Genauigkeit ihres Inhalts. Lorber selbst versicherte stets und vermochte auch seine Freunde davon zu überzeugen, daß nichts davon seinem eigenen Geist entstammte, und daß niemand über diesen Inhalt erstaunter war als er selbst.[10]

Es bestehen gewisse Ähnlichkeiten zwischen Lorber und Emanuel Swedenborg (1688 bis 1772), der rund hundert Jahre vor ihm lebte. Wie läßt es sich erklären, daß Swedenborg in allen modernen Nachschlagewerken aufgeführt wird und Lorber in fast keinem? Der Artikel über Swedenborg in der *Encyclopaedia Britannica* (15. Auflage) äußert sich über seinen Einfluß wie folgt:

«Swedenborgs Einfluß ist keinesfalls auf seine zeitgenössischen Anhänger begrenzt. Seine Visionen und religiösen Vorstellungen waren eine Quelle der Inspiration für eine Reihe bedeutender Schriftsteller, unter ihnen Honoré de Balzac, Charles Baudelaire, Ralph Waldo Emerson, William Butler Yeats und August Strindberg. Seine theologischen Schriften wurden in viele Sprachen übersetzt, und ständig kommen Neuauflagen heraus.»

Vieles von dem ließe sich auch über Jakob Lorber sagen. Seine Bücher sind mehr als hundert Jahre lang immer wieder gedruckt worden und wurden in über einer Million

Exemplaren verkauft. Dennoch findet sein Leben in der Mehrzahl der ‹offiziellen› Organe der modernen Welt keine Erwähnung. Diese Tatsache und der Gegensatz zu Swedenborg scheinen mir sehr deutlich die zunehmende Verengung und Beschränktheit des modernen Geistes zu erläutern. Lorber ist uns zu nahe, als daß wir ihn dulden könnten, man kann ihn nicht als eine Legende aus der fernen Vergangenheit behandeln. Doch würde es andererseits den gesamten Apparat moderner materialistischer Wissenschaftsgläubigkeit aus dem Gleis werfen, nähme man seine Wirklichkeit und die seiner ‹Neubotschaft› an und sähe den Folgen einer solchen Annahme ins Auge.

Der Fall des Edgar Cayce (1877 bis 1945) ist vielleicht noch auffälliger. Er lebte in den Vereinigten Staaten von Amerika und hinterließ mehr als 14000 stenographische Niederschriften dessen, was er im Verlauf von dreiundvierzig Jahren in einer Art Schlaf als Antwort auf sehr ins Detail gehende Fragen von über 6000 Menschen gesagt hatte. Diese Aussagen, die im allgemeinen als ‹Lesungen› bezeichnet werden, gehören «zu den größten und eindrucksvollsten Zeugnissen seelischer Wahrnehmung, die jemals von einem einzelnen ausgingen. Man hat sie gemeinsam mit den zugehörigen Aufzeichnungen, Berichten und dem Briefwechsel unter Tausenden von Sachtiteln verzettelt und Psychologen, Studenten, Schriftstellern und Forschern zur Verfügung gestellt, die in immer größerer Zahl kommen, um sie zu untersuchen.»[11] Doch für die ‹offiziellen› Organe der modernen Welt gibt es Edgar Cayce schlichtweg nicht. Die *Encyclopaedia Britannica* erwähnt ihn nicht. Die Aussichten, daß Medizin-, Psychologie- oder Philosophiestudenten oder Studenten irgendeiner anderen Fachrichtung von diesem großen Manne an ihren Universitäten hören, sind nahezu Null.

Wie Jakob Lorber lebte Edgar Cayce einen Großteil seines Daseins hindurch bescheiden, ja sogar in Armut. Gewiß beutete er niemals den ungeheuren Ruhm aus, der ihm während seines Lebens zuteil wurde. Die Arbeit, die seine Gaben ihm auferlegten, war nur allzuoft eine schwere Bürde, und obschon er barsch und kurz angebunden war, blieb er stets bescheiden und einfach. Tausende kamen zu ihm und baten ihn um Heilung und Hilfe. Er versetzte sich in eine Art Trancezustand und konnte dann im allgemeinen genaue Diagnosen der Krankheiten ihm völlig Unbekannter stellen, die Hunderte oder Tausende von Kilometern entfernt lebten. Er sagte:

«Offensichtlich bin ich einer der wenigen Menschen, die ihre eigene Persönlichkeit weit genug beiseite schieben können, um ihrer Seele die Einstimmung auf die Wissensquelle des Universums zu ermöglichen – doch sage ich das ohne den Wunsch, damit zu prahlen ... Ich bin gewiß, daß alle Menschen über weit größere Kräfte verfügen, als sie wissen – wenn sie nur willens sind, den Preis der Lösung vom Eigeninteresse zu entrichten, die zur Entwicklung dieser Fähigkeiten nötig ist. *Wären Sie bereit, und sei es nur einmal im Jahr, von Ihrer eigenen Person abzusehen und sich vollständig von ihr zu lösen?*»[12] [Hervorhebung durch E. F. S.]

Noch näher an der Gegenwart als Edgar Cayce ist Therese Neumann, die auch als Therese von Konnersreuth bekannt ist und von 1898 bis 1962 lebte. Wenn das dokumentarische Material und die Augenzeugenberichte im Hinblick auf Therese Neumann nicht als verläßlich angesehen werden dürfen, dann sind *alle* Zeugnisse unverläßlich, niemandem darf mehr geglaubt werden, und menschliches Wissen ist unmöglich. Viel ließe sich vom Innenleben Thereses und seinen ungewöhnlichen äußeren Erscheinungen sagen. Doch ist vielleicht die bemerkenswerteste Tatsache in diesem Zusammenhang diese: Da lebt eine robuste, fröhliche Bauersfrau mit einem gerüttelten Maß an gesundem Menschenverstand fünfunddreißig Jahre lang ohne Aufnahme irgendeiner flüssigen oder festen Nahrung außer der täglichen Hostie. Hierbei handelt es sich nicht um eine Legende aus fernen Ländern oder Zeiten, sondern es geschah unter unseren eigenen Augen, wurde von zahllosen Menschen beobachtet, praktisch fünfunddreißig Jahre lang fortlaufend untersucht, ganz in unserer Nähe.

Jakob Lorber, Edgar Cayce und Therese Neumann waren tief religiöse Menschen, die nie müde wurden zu sagen, daß all ihr Wissen und all ihre Kraft von ‹Jesus Christus› stammen – einer Stufe, die unendlich höher ist als die ihrer eigenen Unbedeutendheit. Auf dieser Stufe oberhalb der des Menschen fand jeder von ihnen auf seine Weise Befreiung von Zwängen, die auf der Stufe gewöhnlichen Menschseins wirksam sind – durch Grenzen, die uns Raum und Zeit, die Bedürfnisse des Leibes und die geringe Klarheit des computerähnlichen Geistes auferlegen. Alle drei Beispiele erhellen die paradoxe Wahrheit, daß der Mensch solche ‹höheren Kräfte› nicht durch Angriff und Eroberung erringen kann. Erst wenn das Streben nach ‹Macht› völlig aufgegeben wurde, wenn an seine Stelle ein gewisses transzendentes Verlangen getreten ist, das oft Liebe zu Gott genannt wird, können sie ‹euch zufallen›.

‹Ich› und ‹Du›: die anderen als Spiegel meiner selbst

Gegenüber solchen Tatsachen wie denen, die das Leben von Jakob Lorber, Edgar Cayce, Therese Neumann und zahllosen anderen uns vor Augen führt, gibt die moderne Welt einfach ihre pragmatische Haltung auf, auf die sie so stolz ist, und schließt die Augen vor ihnen. Denn wie oben schon gesagt, hat sie eine gründliche Abneigung gegen alles, was einer Seinsstufe oberhalb des plattesten und alltäglichsten Lebens angehört.

Dieser Abneigung wohnt durchaus auch Furcht inne. Liegen nicht große Gefahren im Streben nach Selbstkenntnis? Durchaus, wir haben bereits darauf hingewiesen. Das führt uns zur Betrachtung des *dritten Wissensbereichs:* die systematische Untersuchung meiner eigenen Innenwelt (Bereich eins) und der anderer Lebewesen (Bereich zwei) *muß* durch eine ebenso systematische Untersuchung *meiner selbst als eines objektiven Phänomens* ergänzt und im Gleichgewicht gehalten werden. Selbstkenntnis *muß*, soll sie gesund und vollständig sein, aus zweierlei bestehen – Kenntnis der eigenen Innenwelt (Bereich eins) und Kenntnis meiner selbst, wie andere mich kennen (Bereich drei). Ohne das zweite kann das erste tatsächlich zu den schlimmsten und zerstörerischsten Illusionen führen.

Zu Bereich eins haben wir unmittelbaren Zugang; doch nicht zu Bereich drei. Daher scheinen unsere Absichten uns oft weit wirklicher als unser Handeln, was zu einer Vielzahl von Mißverständnissen anderen gegenüber führen kann, denen unser Handeln meist weit wirklicher erscheint als unsere Absichten. Wenn ich mein «Selbstbild» ausschließlich aus Bereich eins, meinen inneren Erfahrungen, herleite, sehe ich mich zwangsläufig als ‹den Nabel der Welt›: alles dreht sich um mich; wenn ich die Augen schließe, verschwindet die Welt, durch mein Leiden wird sie ein Jammertal, durch mein Glück ein Garten des Entzückens. Es ist wie an einer Stelle aus Goebbels' Tagebüchern: «Wenn wir vergehen», sagt er, «vergeht die Welt.» Doch bedürfen wir solch schauerlicher Beispiele nicht. Es gibt harmlose und milde Philosophen, die die Frage stellen, ob der Baum, den sie anschauen, auch dann noch dort sein wird, wenn niemand mehr hinsieht. Sie haben sich in Bereich eins verloren und nicht vermocht, in Bereich drei vorzudringen.

Im Bereich drei ist völlig unvoreingenommene objektive Beobachtung ohne jegliches Wunschdenken erforderlich. Was beobachte ich wirklich? Oder besser gesagt, was sähe ich, könnte ich mich so sehen, wie man mich sieht? Das ist eine sehr schwere Aufgabe. Ohne ihre Erfüllung sind harmonische Beziehungen zu anderen Menschen unmöglich, und die Aufforderung ‹was du nicht willst, das man dir tu, das füg auch keinem andern zu› bleibt bedeutungslos, wenn ich mir meiner tatsächlichen Wirkung auf andere nicht bewußt bin.

«Ich las einmal die Geschichte eines Mannes, der starb und ins Jenseits kam, wo er eine Anzahl von Menschen traf, von denen er einige kannte, die er schätzte, und andere, die er nicht schätzte. Aber einen Menschen gab es dort, den er nicht kannte, ihn konnte er nicht ausstehen. Was auch immer er sagte, trieb ihn zur Weißglut und stieß ihn ab – sein Benehmen, seine Gewohnheiten, seine Faulheit, seine unaufrichtige Redeweise, sein Gesichtsausdruck –, und ihm schien, als könne er die Gedanken, die Gefühle, alle Geheimnisse und sogar das ganze Leben dieses Mannes gleichsam lesen. Er fragte die anderen, wer dieser unmögliche Mensch sei. Sie antworteten: ‹Hier oben haben wir ganz besondere Spiegel, die sich völlig von denen in eurer Welt unterscheiden. Dieser Mann bist du.› Wir wollen also annehmen, daß du mit jemandem leben mußt, der du selbst bist. Möglicherweise muß der andere das auch. Selbstverständlich kann man sich vorstellen, wenn man sich nicht selbst beobachtet, daß das bezaubernd und die Welt voller Glück wäre, wäre nur jedermann genau wie du. Der Eitelkeit und Einbildung sind keine Grenzen gesetzt. Indem du dich also jetzt an die Stelle eines anderen versetzt, nimmst du auch seinen Standpunkt ein, machst du dir die Weise zu eigen, *wie* er dich sieht, hört und in deinem täglichen Verhalten erfährt. Du siehst dich selbst durch seine Augen.»[1]

Das ist eine lebendige und genaue Beschreibung davon, was es bedeutet, Wissen im Bereich drei zu erlangen. Es zeigt ganz nebenbei sehr deutlich, daß Wissen im Bereich eins etwas ganz anderes ist als Wissen im Bereich drei, und daß ersteres ohne letzteres schlimmer sein kann als nur nutzlos.

Jeder verfügt über eine durchaus natürliche Neugierde im Hinblick darauf, wie er aussieht, wie seine Stimme klingt und welchen Eindruck er auf andere macht. Doch die ‹ganz besonderen Spiegel› aus der Geschichte gibt es auf dieser Erde nicht, und das ist wohl auch gut so. Die schrecklichen Erkenntnisse, die wir aus ihnen erführen, würden wohl über unsere Kraft gehen. Es ist stets schmerzlich, wenn jemand erkennt, daß mit ihm *tatsächlich* einiges nicht in Ordnung ist, und wir verfügen über zahlreiche Schutzmechanismen gegen diese Art der Entlarvung. Unsere natürliche Neugierde läßt uns daher nicht sehr weit in den Bereich drei vordringen, und wir lassen uns nur zu leicht dadurch ablenken, daß wir die Fehler anderer suchen anstatt unsere eigenen. Nicoll erinnert uns an die Worte der Evangelien: «Was siehest du aber den Splitter in deines Bruder Auge und wirst nicht gewahr des Balkens in deinem Auge?» Er verdeutlicht:

«Im griechischen Text wird im Zusammenhang mit dem Wort Splitter einfach *sehen* verwendet. Das ist leicht. Aber interessant ist, welches Wort zusammen mit Balken verwendet wird: ‹bemerken, entdecken, Wissen erlangen von, zur Kenntnis nehmen, erfahren, beobachten, verstehen›. Offensichtlich ist etwas weit Schwierigeres gemeint als nur die Fehler eines anderen zu sehen. Die Umkehrung ist nicht einfach.»[2]

Wie aber können wir diese Aufgabe erfüllen, die für ein harmonisches Zusammenleben mit anderen so bedeutungsvoll ist? Die Vorgehensweise dazu ist in den Büchern der überlieferten Religionen festgelegt, wenn auch an vielen weit verstreuten Stellen. Die hilfreichste Führung auf diesem Gebiet findet sich vielleicht in den *Psychological Commentaries on the Teaching of G. I. Gurdjieff and P. D. Ouspensky* von Maurice Nicoll, woraus ich bereits mehrfach zitiert habe. Seine Anleitung fällt unter den Begriff ‹Betrachtung von außen›. Damit ist gemeint, daß man sich an die Stelle des anderen versetzen soll. Das braucht ein hohes Maß an innerer Wahrhaftigkeit und Freiheit. Es läßt sich nicht an einem Tag lernen, und die gute Absicht wird nur mit ausdauernder Anstrengung Erfolg haben.

Wie sieht diese Anstrengung aus? Hier ist nichts ohne Selbstreflexivität möglich. Um mich in die Lage eines anderen zu versetzen, muß ich mich aus meiner eigenen lösen. Bloßes Bewußtsein genügt dazu nicht: es bestätigt mich in meiner eigenen Lage. Der Computer kann lediglich sein eingespeichertes Programm hervorbringen. Nur dem Programmierer ist es möglich, eine wirkliche Veränderung herbeizuführen, wie zum Beispiel ‹sich an die Stelle eines anderen versetzen›. Anders gesagt, ist die erforderliche Qualität oder Kraft nicht einfach Bewußtsein – was ich ‹Faktor *y*› genannt habe, durch den Lebewesen Tiere sein können – sondern Selbstreflexivität, ‹Faktor *z*›, durch den Tiere Menschen sein können. Wie Nicoll sagt: «Betrachtung von außen ist etwas sehr Gutes. Es geht dabei nicht darum, ob man selbst recht hatte oder der andere. Sie steigert das Bewußtsein»[3], und man könnte hinzufügen: *«bis zur Stufe der Selbstreflexivität»*.

Eins der Dinge, deren wir uns im Hinblick auf uns selbst am wenigsten bewußt sind, ist unser eigener ‹Pendelausschlag›. Anderen fällt auf, wie wir uns widersprechen, uns selbst aber nicht. Wissen im Bereich drei hilft uns dabei, uns selbst so zu sehen, wie andere uns sehen, und somit auch unsere Widersprüche. Das ist eine Sache von ganz und gar grundlegender Bedeutung, wie wir später sehen werden.

Nicht, als wären diese offenbaren Widersprüche notwendigerweise Erscheinungsformen des Irrtums; eher schon sind sie Erscheinungsformen der Wahrheit. Überall gibt es Gegensätze, und es fällt uns stets schwer, mit unserem Verstand zwei Gegensätze zur gleichen Zeit zu erfassen. Andere können leicht den Pendelausschlag von einem Gegensatz zum anderen an mir beobachten, so wie ich leicht den ihrigen beobachten kann. Doch ist es meine Aufgabe – im Bereich drei –, mir zumindest *meines* Pendelausschlags vollständig bewußt zu werden, zu merken, daß *ich* dazu neige, oft von einer Meinung zu ihrem Gegenteil überzuwechseln. Es genügt dabei nicht, daß ich die Veränderung bloß zur Kenntnis nehme, sondern ich muß sie werturteilsfrei wahrnehmen, das heißt ohne sie zu verurteilen oder zu rechtfertigen. Der Kern der Aufgabe im Bereich drei ist *werturteilsfreie Selbstbeobachtung*, so daß wir kühle und objektive Bilder von dem gewinnen, was wirklich geschieht – nicht durch unsere jeweiligen Meinungen von dem, was richtig oder falsch ist, *retuschierte* Bilder.

Eine der Untersuchungsmethoden im Bereich drei ist das ‹Fotografieren›, das heißt, man sieht sich, wie man wirklich ist, wie es mitunter geschieht, wenn wir nicht merken, daß wir uns selbst anschauen. Nicoll merkt dazu an:

«Wenn man durch lange Selbstbeobachtung eine Reihe guter Fotografien von sich gemacht hat, wird man nicht lange darin suchen müssen, um in sich selbst das zu finden, was einem im anderen so sehr zuwider ist. Dann wird man auch imstande sein, sich an die Stelle des anderen zu versetzen, sich darüber klarzuwerden, daß auch er das an sich hat, was man an sich selbst bemerkt hat, daß er seine inneren Schwierigkeiten hat wie man selbst, und so weiter . . .

Je weniger Eitelkeit . . . in einem ist und je mehr man sich von außen her betrachtet, desto weniger wichtig wird man sich nehmen.»[4]

Während die – notwendigen! – Untersuchungen im Bereich eins dazu führen mögen, das Selbstwertgefühl zu steigern, müßten diese ausgleichenden Untersuchungen im Bereich drei zur Erkenntnis der eigenen Nichtigkeit führen. Was bin ich in diesem riesigen All? Was ich bin? – nur eine kleine Ameise unter vier Milliarden auf dieser winzigen Erde! Und dennoch, um mit Pascal (1623 bis 1662) zu sprechen: «Der Mensch ist nur ein Rohr, nichts Schwächeres gibt es in der Natur, aber er ist ein denkendes Rohr» – das heißt, ein Rohr mit Selbstreflexivität. In dieser Hinsicht ist er unendlich wertvoll, auch wenn seine Selbstreflexivität meist als bloße Potentialität existiert.

Die größte Hilfe bei der Erlangung von Wissen im Bereich drei entsteht daraus, daß wir gesellschaftliche Wesen sind, denn wir leben nicht allein, sondern mit anderen zusammen. Diese anderen aber sind eine Art Spiegel, in dem wir uns so sehen können, wie wir tatsächlich sind, und nicht, wie wir zu sein meinen. Das beste Verfahren, um das erforderliche Wissen über uns zu erlangen, besteht mithin darin, die Bedürfnisse, Ratlosigkeit und Schwierigkeiten anderer zu beobachten und zu verstehen, uns in ihre Lage zu versetzen. Möglicherweise erreichen wir eines Tages eine solche Vollkommenheit darin, daß *wir*, kleine ‹Egos› mit unserer eigenen Ratlosigkeit, unseren Bedürfnissen und Schwierigkeiten, nicht in dies Bild hineingeraten: solch völliges Absehen vom Ego würde vollständige Objektivität und vollständige Wirksamkeit bedeuten.

Dem Christen wird gesagt: «Liebe deinen Nächsten wie dich selbst.» Was heißt das? Wenn jemand sich selbst liebt, steht nichts zwischen dem, der liebt, und dem, der geliebt wird. Wenn er aber seinen Nächsten liebt, steht meist sein eigenes unbedeutendes *Ego* dazwischen. Seinen Nächsten so zu lieben wie sich selbst bedeutet daher, ohne Dazwischentreten des eigenen Ego zu lieben, es bedeutet die Erreichung vollkommener Uneigennützigkeit, die Beseitigung aller Spuren von Egoismus.

Ebenso wie Mitgefühl die Voraussetzung zum Lernen im zweiten Wissensbereich, ist Uneigennützigkeit die Voraussetzung zum Lernen im dritten.

Wir haben schon früher gesehen, daß diese beiden Bereiche unserer Beobachtung nicht ‹unmittelbar zugänglich› sind. Erst über die wirklich hohen moralischen Eigenschaften des Mitgefühls und der Uneigennützigkeit können wir dorthin gelangen.

I

Wir wenden uns jetzt der Betrachtung des *vierten Wissensbereichs* zu, der ‹Erscheinung› der Welt um uns. Mit ‹Erscheinung› meine ich alles, was sich unseren Sinnen darbietet. Im vierten Wissensbereich heißt die entscheidende Frage stets: «Was beobachte ich eigentlich?» Fortschritt wird dadurch erzielt, daß man solche Annahmen, Vorstellungen und Voraussetzungen usw. eliminiert, die sich nicht durch sinnliche Beobachtung verifizieren lassen. Mithin ist Bereich vier die wirkliche Heimat jeder Art von Behaviorismus: nur genau beobachtbares Verhalten ist von Interesse. Alle Wissenschaften tummeln sich auf diesem Gebiet, und viele Menschen glauben, es sei das einzige, auf dem sich wahres Wissen erlangen läßt.

Als Beispiel können wir Vilfredo Pareto (1848 bis 1923) zitieren, dessen *Trattato di Sociologia Generale* als «größte und edelste Anstrengung» begrüßt wurde, die jemals hinsichtlich «objektiven Denkens ohne Beimischung von Gefühl und ... mit Verfahren, durch die sich ein rationaler Bewußtseinszustand erreichen läßt ...»[1] unternommen wurde. Pareto vertritt wie zahllose andere die Ansicht, nur in dem Bereich, den ich den ‹vierten› nenne, sei ein ‹wissenschaftlicher Ansatz› möglich:

«Das Gebiet, auf dem wir uns bewegen, ist daher ausschließlich das der Erfahrung und Beobachtung. Wir benutzen diese Begriffe in der Bedeutung, die ihnen die Naturwissenschaften wie Astronomie, Chemie, Physiologie und so weiter beilegen. Sie sollen hier nicht das bedeuten, was man gegenwärtig gern mit den Begriffen ‹innere› oder ‹christliche› Erfahrung bezeichnet ...»[2]

Pareto will sich, mit anderen Worten, ausschließlich auf ‹Erfahrung und Beobachtung› stützen, und er schränkt die

Bedeutung dieser Begriffe auf Tatsachen ein, die die äußeren Sinne unter Zuhilfenahme von Instrumenten und anderen Geräten unter Anleitung von Theorien mit Sicherheit ausmachen können. Damit schließt er alle inneren Erfahrungen aus, wie Liebe und Haß, Hoffnung und Furcht, Freude und Pein und sogar den physischen Schmerz. Er sieht das als die einzig rationale Vorgehensweise und als Rezept für wirklichen Erfolg an:

«Man versteht sehr leicht, wieso die Geschichte der Naturwissenschaft bis in die Gegenwart hinein im wesentlichen eine Geschichte der Kämpfe gegen die Methoden der Introspektion, Etymologie, Analyse des verbalen Ausdrucks war . . . Heute hat man die [genannte] Vorgehensweise weithend aus den reinen Naturwissenschaften verbannt, *und die dort erzielten Fortschritte sind das Ergebnis dieser Ächtung.* Doch treibt diese Vorgehensweise nach wie vor ihr Wesen in der Volkswirtschaft und noch aufdringlicher in der Soziologie. Wollen diese Wissenschaften wirklich einen Fortschritt erzielen, müssen sie unbedingt *dem Beispiel der reinen Naturwissenschaften* folgen.»[3] [Hervorhebung durch E. F. S.]

Hier wird deutlich, daß Pareto zwischen den verschiedenen Seinsstufen nicht unterscheiden will oder kann. Es ist eine Sache, das ‹innere› Wissen von der Untersuchung der unbelebten Natur, der niedrigsten der vier Seinsstufen, auszuschließen, einfach weil es, soweit wir wissen, auf dieser Stufe kein inneres Leben gibt und alles ‹Erscheinung› ist. Etwas anderes ist es aber, es bei der Untersuchung der menschlichen Natur und des menschlichen Verhaltens auf der höchsten der vier Seinsstufen auszuschließen, wo die äußere Erscheinung im Vergleich mit der inneren Erfahrung durchaus unbedeutend ist.

Im zweiten Wissensbereich, bei der inneren Erfahrung anderer Lebewesen, haben wir gesehen, daß wir am meisten über die höheren Stufen und am wenigsten über die unbelebte Materie zu wissen vermögen. Beim vierten Wissensbereich, den wir jetzt betrachten, ist es umgekehrt: wir vermögen das meiste über die unbelebte Materie und das wenigste über die Menschen zu wissen.

Von Paretos Standpunkt aus, der Unterschiede der Seinsstufe nicht anerkennt, «gibt es nicht den geringsten Unterschied zwischen den Gesetzen der Volkswirtschaft oder Soziologie und denen der anderen exakten Wissenschaften». Er kann als typisches Beispiel für einen Denker gelten, der die Hierarchie der Seinsstufen nicht anerkennen will und daher keinen anderen Unterschied zwischen einem Stein und einem Menschen zu sehen vermag, als einen Unterschied im ‹Komplexitätsgrad›:

«Die Unterschiede [liegen] . . . im wesentlichen in der größeren oder geringeren Komplexität, mit der Auswirkungen verschiedener Gesetze verknüpft sind . . .

Ein weiterer Unterschied bei naturwissenschaftlichen Gesetzen ist die Möglichkeit, ihre Auswirkungen experimentell zu isolieren . . . Bestimmte Wissenschaften . . . können ausführlich experimentieren und tun das auch. Bestimmte andere können das nur in geringem Umfang, andere, wie beispielsweise die Gesellschaftswissenschaften, wenig oder gar nicht.»[4]

Mit der unbelebten Materie läßt sich in der Tat soviel experimentieren, wie man will. Keine noch so tiefgehenden Eingriffe können ihr Leben zerstören – denn sie hat keines – oder ihre innere Erfahrung verfälschen – denn es gibt keine.

Das Experiment ist nur dann eine gültige und legitime Untersuchungsmethode, wenn der zu erforschende Gegenstand dabei nicht zerstört wird. Unbelebte Materie ist unzerstörbar, man kann sie nur umformen. Leben, Bewußtsein und Selbstreflexivität auf der anderen Seite sind sehr leicht zu beschädigen und werden fast regelmäßig zerstört, wenn das in diesen drei Kräften enthaltene Element an Freiheit als nicht existent betrachtet wird.

Gegen das Experiment als Untersuchungsmethode auf den höheren Seinsstufen spricht nicht nur die Komplexität, sondern – weit wichtiger noch –, daß die auf der Stufe der unbelebten Materie alles beherrschende Kausalität auf den höheren Stufen nur eine dienende Stellung einnimmt. Sie herrscht nicht mehr und wird von höheren Kräften zu Zwekken *genutzt*, die im Bereich der Physik und Chemie unbekannt sind.

Wird das nicht verstanden und der Versuch unternommen, alle Wissenschaften in die Form der Physik zu pressen, ergibt sich durchaus ein gewisser ‹Fortschritt›. Allerdings wird dabei ein Wissen angesammelt, das eher ein Hindernis zum Verständnis darstellt und sogar einen Fluch, dem man nur schwer entgehen kann. Das Niedrigere tritt an die Stelle des Höheren, so, als beschränkte sich die Untersuchung eines großen Kunstwerkes darauf, das Material zu untersuchen, aus dem es besteht.

Die Physik gilt gemeinsam mit der Chemie und der Astronomie weithin als die ausgereifteste und auch als die erfolgreichste Wissenschaft. Die Wissenschaften, die sich mit dem Leben beschäftigen, wie die Gesellschafts- und die Geisteswissenschaften, werden als weniger reif angesehen, weil es bei ihnen unendlich größere Ungewißheiten gibt. Wäre ‹Reife› der passende Ausdruck, müßten wir sagen, daß Wissenschaft um so unreifer ist, je reifer ihr Untersuchungsgegenstand ist. In einem Menschen ist durchaus mehr Reife als in einem Gesteinsklumpen. Es kann uns nicht überraschen, daß wir mehr sicheres Wissen – einer bestimmten Art – über diesen erworben haben als über jenen, wenn wir bedenken, daß man

den Menschen $m + x + y + z$ schreiben muß,
wohingegen Materie m geschrieben wird.

Die Physik beschäftigt sich ausschließlich mit ‹m›, und wir haben bereits gesehen, daß sie das in stark eingeschränkter Weise tut. Ihr Forschungsprogramm läßt sich vollständig abschließen, ebenso wie die Untersuchung der Mechanik als abgeschlossen bezeichnet werden kann. Das mag man ‹Reife› nennen, aber gewiß kann die Untersuchung von ‹x›, ‹y› und ‹z› niemals zum Abschluß gebracht werden.

Betrachten wir sorgfältig, was die verschiedenen Wissenschaften im Bereich vier eigentlich tun, dann sehen wir, daß wir sie grob in zwei Gruppen einteilen können: solche, die in erster Linie *beschreiben*, was tatsächlich gesehen oder auf andere Weise erfahren werden kann, und solche, die in erster Linie darin *unterweisen*, wie bestimmte Systeme funktionieren und wie sich mit ihrer Hilfe voraussagbare Ergebnisse erzielen lassen. Als Beispiel für das Erstgenannte können wir die Botanik anführen, und die Chemie als Beispiel für das Letztgenannte. Nur selten wird auf den Unterschied zwischen diesen beiden Gruppen geachtet, was dazu führt, daß die meisten wissenschaftsphilosophischen Ansätze sich nur mit den unterweisenden Wissenschaften beschäftigen und die beschreibenden als nicht existent ansehen. Keineswegs bedeutet, wie oft behauptet wurde, der Unterschied zwischen ‹beschreibend› und ‹unterweisend› lediglich Reifegrade oder Entwicklungsschritte einer Wissenschaft. F. S. C. Northrop sagt, daß «jede empirische Wissenschaft in ihrer normalen, gesunden Entwicklung mit einer Betonung der reineren Induktion beginnt . . . und dann zur Reife gelangt mit einer deduktiv formulierten Theorie, *bei der formale Logik und Mathematik eine sehr bedeutende Rolle spielen*»[5]. Das gilt ganz und gar für die ‹unterweisende› Wissenschaft. Northrop wählt Geometrie und Physik als Beispiele unterweisender Wissenschaften *par excellence*. Doch niemals kann das für beschreibende Wissenschaften wie Botanik, Zoologie und Geographie gelten, ganz zu schweigen von den historischen Wissenschaften, gleich, ob sie sich mit der Natur oder dem Menschen beschäftigen.

Die Unterscheidung zwischen beschreibenden und unterweisenden Wissenschaften ist ähnlich, aber nicht identisch mit der zwischen ‹verstehenden Wissenschaften› und ‹instrumentellen Wissenschaften›, über die wir in einem früheren Kapitel sprachen. Eine getreue *Beschreibung* antwortet auf die Frage: «Was finde ich tatsächlich vor?» Eine wirkungsvolle *Unterweisung* antwortet auf eine gänzlich andere Frage, nämlich: «Was muß ich tun, wenn ich ein bestimmtes Ergebnis erhalten will?» Es ist überflüssig zu sagen, daß weder die beschreibenden noch die unterweisenden Wissenschaften bloße Ansammlungen von Fakten sind, so wie die Natur sie bietet. In beiden Fällen sind die Fakten ‹gereinigt› oder ‹idealisiert›, es werden Begriffe gebildet und Theorien formuliert. Eine getreue Beschreibung wird jedoch von der Besorgnis getragen: «Ich darf auf keinen Fall etwas Wichtiges auslassen», während eine Unterweisung um so wirksamer ist, je strikter sie alle nicht unbedingt erforderlichen Faktoren ausschließt. Man spricht von ‹Occams Rasiermesser›, das alles wegschneidet, was nicht zu Ergebnissen führt. Wir können daher sagen, daß die beschreibende Wissenschaft sich in erster Linie mit der *ganzen Wahrheit* beschäftigt – oder beschäftigen sollte, während es der unterweisenden Wissenschaft in erster Linie ausschließlich um instrumentell nützliche *Teile oder Aspekte der Wahrheit* geht. In beiden Fällen sage ich ‹in erster Linie›, weil es hier nicht um einen absoluten Unterschied geht und auch nicht gehen kann.

Wenn Anweisungen wirksam sein sollen, müssen sie genau, klar und über jeden Zweifel erhaben sein. Es genügt nicht, jemandem zu sagen: «Nimm eine geringe Menge ziemlich warmen Wassers.» Das mag für die Küche ausreichen, genügt aber nicht für die *exakte* Wissenschaft. Wir müssen genau wissen, wieviel Wasser, und wir müssen seine genaue Temperatur kennen. Es darf kein Platz für ‹subjektive› Auslegung bleiben. Daher ist die unterweisende Wissenschaft im Idealfall vollständig quantifiziert, und *Qualitäten* (wie zum Beispiel die Farbe rot) spielen nur dann eine Rolle darin, wenn sie mit einem quantitativ erfaßbaren Phänomen (wie zum Beispiel Lichtwellen einer bestimmten Frequenz) ‹korrelieren›. Sie geht mit Hilfe der Logik und der Mathematik vor.

Bei dieser Art des Vorgehens hat sich herausgestellt, daß physikalische Erscheinungen eine seltsame und wunderbare mathematische Ordnung zeigen. Das hat einige der nachdenklichsten modernen Physiker dazu bewegt, sich vom plumpen Materialismus abzuwenden, der das ganze 19. Jahrhundert hindurch ihre Wissenschaft beherrschte, und ihnen eine transzendente Wirklichkeit bewußt gemacht.

Auch wenn die überlieferte Religion, die Gott ‹das Reich, die Kraft und die Herrlichkeit› zusprach, ihnen unannehmbar blieb, konnten sie nicht umhin, irgendwo im Bau und in der Lenkung des Universums ein überlegenes mathematisches Talent anzuerkennen. Somit hat auf dieser Seite eine bedeutende Bewegung zur Überbrückung der äußerst unheilvollen Kluft zwischen der Naturwissenschaft und der Religion stattgefunden. Einige der fortgeschrittensten modernen Physiker würden sogar dem Ausspruch René Guénons zustimmen, daß «die gesamte Natur auf nichts weiter als ein Symbol transzendenter Wirklichkeiten hinausläuft»[6].

Wenn inzwischen einige Physiker Gott für einen großen Mathematiker halten, spiegelt das in bedeutender Weise die Tatsache wider, daß ‹unterweisende Wissenschaft› *sich ausschließlich mit der toten Seite der Natur beschäftigt.* Schließlich ist die Mathematik weit vom Leben entfernt. Sicherlich zeigt sie in bestimmten Fällen eine strenge Schönheit und auch eine faszinierende Eleganz, die sogar für ein Zeichen von Wahrheit gelten mag. Aber ebenso sicher ist sie ohne Wärme, hat nichts von der gärenden Unordnung des Wachsens und Zerfalls an sich, von Hoffnung und Verzweiflung, Freude und Leiden. Es darf nie übersehen oder vergessen werden: die Physik und die anderen unterweisenden Wissenschaften beschränken sich auf die leblosen Aspekte der Wirklichkeit, und das muß auch so sein, wenn Ziel und Zweck der Wissenschaft die Hervorbringung vorhersagbarer Ergebnisse ist. Das Leben, und noch mehr das Bewußtsein und die Selbstreflexivität, lassen sich nicht herumkommandieren. Sie haben, wie man sagen könnte, einen eigenen Willen, und das ist ein Zeichen der Reife.

Wir müssen an diesem Punkt folgendes erfassen – und auf unserer ‹Karte des Wissens› einzeichnen: da die Physik und die anderen unterweisenden Wissenschaften nur auf dem toten Aspekt der Natur fußen, *können sie nicht zur Philosophie führen, wenn die Philosophie uns eine Anleitung zu dem geben soll, worum es im ‹Leben› geht.* Die Physik des 19. Jahrhunderts hat uns gesagt, das Leben sei ein kosmischer Zufall, zweck- und bedeutungslos. Die besten Physiker des

20. Jahrhunderts nehmen all das zurück und sagen uns, daß sie sich nur mit spezifischen, streng isolierten Systemen beschäftigen, zeigen, wie diese Systeme funktionieren oder zum Funktionieren gebracht werden können, und daß man keine allgemeinen philosophischen Schlußfolgerungen aus diesem Wissen ziehen kann (und soll).

Auch wenn wir durch die unterweisenden Wissenschaften keine Anleitung für unser Leben bekommen, so wird unser Leben doch durch die aus ihnen abgeleiteten Technologien geformt. Die Frage, ob diese Ergebnisse zum Guten oder Bösen sind, liegt gänzlich außerhalb ihres Horizonts. In diesem Sinne stimmt es, wenn man sagt, daß diese Wissenschaften ethisch neutral sind. Doch bleibt wahr, daß es keine Wissenschaft ohne Wissenschaftler gibt, und daß die Frage nach dem Guten und nach dem Bösen zwar nicht in den Bereich der Wissenschaften gehören mag, wohl aber in den Bereich des Wissenschaftlers. Es ist nicht übertrieben, wenn man heute von einer Krise der (unterweisenden) Wissenschaft spricht. Wenn sie weiterhin ein alles niederwalzender Koloß ohne Steuerung durch Prinzipien der Menschlichkeit bleibt, wird sie eines Tages eine heftige, möglicherweise gar gewalttätige Gegenreaktion nach sich ziehen.

Da die unterweisenden Wissenschaften sich nicht mit der ganzen Wahrheit beschäftigen, sondern ausschließlich mit den Teilen oder Aspekten der Wahrheit, die zu *Ergebnissen* führen, ist es nur recht und billig, sie an nichts anderem als ihren Ergebnissen zu messen.

Der Anspruch, ‹Wissenschaft› bringe ‹Wahrheit› hervor, ‹wissenschaftlich bewiesenes›, sicheres, unerschütterliches und zuverlässiges Wissen, und diese einzigartige Fähigkeit verleihe ihr eine höhere Stellung als jedem anderen menschlichen Tun – dieser Anspruch, auf dem der Ruf der ‹Wissenschaft› gründet, muß sorgfältig untersucht werden. Was ist ein Beweis? Wir können sehr viele verschiedene Theorien haben: läßt sich eine von ihnen ‹beweisen›? Es ist ohne weiteres einsichtig, daß es möglich ist, ein Rezept oder eine andere Anweisung zu ‹beweisen›, die sich wie folgt ausdrücken läßt: «Wenn man X tut, wird man Y erhalten.» Funktioniert eine solche Anweisung nicht, ist sie nutzlos. Funktioniert sie, ist sie ‹bewiesen›. *Pragmatismus* ist die Lehre, die behauptet, die einzig gültige Vorstellung von Wahrheit sei die, daß sie *funktioniert.* Der Pragmatiker läßt uns wissen: «Es ist irrational zu sagen, ‹wenn eine Vorstellung wahr ist, funktioniert sie› – man muß sagen ‹wenn eine Vorstellung funktioniert, ist sie wahr›». In seiner reinsten Form hat jedoch Pragmatismus die Sterilität einer Alles-oder-nichts-Methode: möglicherweise funktionieren allerlei Anweisungen, jede für sich. Doch solange ich keine Vorstellung von einem Prinzip oder ‹Gesetz› habe, nach dem ein bestimmtes System funktioniert, sind meine Aussichten, den Bereich des unterweisenden Wissens auszuweiten, gering. Die Vorstellung vom Beweis und damit die von der Wahrheit ist bei den unterweisenden Wissenschaften mithin zweifach: die Unterweisung muß funktionieren, das heißt zu den vorhergesagten Ergebnissen führen, außerdem muß sie im Rahmen festgelegter wissenschaftlicher Prinzipien *verständlich* sein. In diesem Sinne nicht intelligible Phänomene nützen der unterweisenden Wissenschaft nicht und interessieren sie daher nicht. Es ist ein methodologisches Erfordernis der unterweisenden Wissenschaften, daß man sie nicht zur Kenntnis nimmt. Solche Erscheinungen dürfen die festgelegten wissenschaftlichen Prinzipien nicht in Frage stellen, denn das hätte keinen pragmatischen Wert. Wie ich schon zuvor betont habe, geht es den unterweisenden Wissenschaften nicht um die ganze Wahrheit, sondern nur um das geringste Maß an Wahrheit, das erforderlich ist, um ihre Unterweisung wirksam und zuverlässig zu gestalten. Daraus ergibt sich, daß der Beweis in den unterweisenden Wissenschaften denselben Begrenzungen unterworfen ist: er legt fest, daß eine bestimmte Anzahl von Anweisungen funktioniert, und daß die zugrundeliegenden wissenschaftlichen Prinzipien hinreichend viel Wahrheit enthalten, damit sie funktionieren können. Er legt nicht fest, daß andere Anweisungen nicht ebenfalls funktionieren könnten oder daß eine ganz andere Gruppe wissenschaftlicher Prinzipien sich nicht ebensogut auf den Fall anwenden ließe. Es ist wohlbekannt, daß die vor-kopernikanischen Anweisungen zur Berechnung der Bewegungen im Sonnensystem, denen die Ansicht zugrunde lag, die Sonne bewege sich um die Erde, lange Zeit hindurch zu weit genaueren Ergebnissen führten als die nach-kopernikanischen.

Wie sieht nun der Beweis in den beschreibenden Wissenschaften aus? Die Antwort ist unvermeidlich die: man kann klassifizieren, Regelmäßigkeiten beobachten, spekulieren, Theorien mit verschiedenen Wahrscheinlichkeitsgraden aufstellen – *aber nie beweisen.* Wissenschaftlichen Beweis kann es nur in der unterweisenden Wissenschaft geben, mit den oben erwähnten Einschränkungen, denn beweisen läßt sich nur, was wir mit unseren Händen oder unserem Verstand selbst tun können. Unser Verstand kann geometrische, mathematische und logische Aufgaben *erledigen.* Mithin sind wir in der Lage, funktionierende Anweisungen zu geben und damit zu *beweisen.* Ebenso können unsere Hände eine Vielzahl von Vorgängen ausführen, die sich mit der Materie beschäftigen. Also können wir Anweisungen erteilen, wie vorbestimmte Ergebnisse zu erzielen sind – funktionierende Anweisungen – und somit beweisen. Ohne ‹Handlungen› auf der Grundlage von Anweisungen kann es keinen Beweis geben.

Was die unterweisenden Wissenschaften angeht, braucht man mit der Pragmatik nicht in Widerstreit zu geraten. Im Gegenteil gehört die Pragmatik gerade hierher, hier hat sie ihren angestammten Platz auf der ‹Karte des Wissens›. Ebensowenig läßt sich etwas dagegen einwenden, daß die Vorstellung von Wahrheit auf intelligible Phänomene eingegrenzt wird, was bedeutet, daß nicht intelligible nicht beachtet werden, sowie auf Theorien von heuristischem Wert, was wiederum bedeutet, daß ‹unfruchtbare› Theorien, die zu keiner Ausweitung unterweisenden Wissens führen, nicht berücksichtigt werden. Das sind methodologische Anforderungen, die bei strenger Beachtung zum ‹Fortschritt› führen, das heißt die Fähigkeit des Menschen natürliche Prozesse für seine eigenen Zwecke einzusetzen, erweitern.

Doch führt es zu endlosen Schwierigkeiten, wenn die

methodologischen Anforderungen der unterweisenden Wissenschaften als wissenschaftliche Methodologie *an sich* betrachtet werden. Auf die beschreibenden Wissenschaften angewandt, führen sie zu einer Methodologie des Irrtums. Die Beschränkungen des Pragmatismus, der heuristischen Prinzipien oder auch ‹Occams Rasiermesser› sind mit einer wahrheitsgemäßen Beschreibung unvereinbar. (Die Bedeutung dieses Punktes wird später noch betont werden, wenn wir uns mit der Lehre von der Evolution beschäftigen.)

Die Physik und verwandte unterweisende Wissenschaften beschäftigen sich mit unbelebter Materie, die, soweit wir wissen, unbelebt, bewußtlos und ohne Selbstreflexivität ist. Auf dieser Seinsstufe gibt es nichts als ‹äußere Erscheinungen›, im Unterschied zu ‹innerer Erfahrung›. Alles, womit wir zu tun haben, sind beobachtbare Tatsachen. Natürlich kann es außer Tatsachen nichts geben, und wenn wir ‹Tatsachen› sagen, meinen wir damit, daß sie sich durch einen Beobachter erkennen lassen. Unerkannte und – erst recht – unerkennbare Tatsachen können und dürfen in den Theorien der Physiker keine Rolle spielen. Es ist daher völlig unproduktiv, auf dieser Stufe einen Unterschied zwischen dem zu machen, *‹was wir wissen können›* und dem, *‹was tatsächlich besteht›*, d. h. zwischen Wissenschaftstheorie und Ontologie. Wenn der moderne Physiker sagt: «In unseren Experimenten begegnen wir früher oder später uns selbst», spricht er einfach vom Selbstverständlichen, nämlich davon, daß die Ergebnisse der Versuche, wenn auch nicht ganz, so doch zum großen Teil, auf der Frage beruhen, die der Physiker mit Hilfe seiner Versuchsanordnung gestellt hat. Daran ist nichts Geheimnisvolles, und es wäre durchaus falsch, daraus zu schließen, es liege darin ein Verschwinden des Unterschiedes zwischen Beobachter und Beobachtetem. Die scholastischen Philosophen drückten das ganz einfach aus: alles Wissen wird *per modum cognoscentis* erreicht – gemäß den Erkenntniskräften dessen, der erkennt.

Die Unterscheidung zwischen Wissenschaftstheorie und Ontologie oder zwischen dem, *‹was wir wissen können›* und dem, *‹was tatsächlich besteht›* gewinnt erst dann an Bedeutung, wenn wir uns in der Seinskette aufwärts bewegen. Nehmen wir als Beispiel das Phänomen des Lebens. Wir können erkennen, daß es sich um Leben handelt, und dies Erkennen hat die Menschen zu der Aussage geführt, es wohne «allen Lebewesen ein lebensaktivierender Faktor inne, der nicht greifbar, nicht schätzbar und nicht meßbar ist»[7]. Dann sprachen sie über ‹Vitalismus›. Doch diese dem Alltagsverstand entstammende Ansicht ist für die unterweisenden Wissenschaften nicht annehmbar. Man sagt uns, daß Ernst Nagel, ein Wissenschaftstheoretiker, 1951 ‹dem Vitalismus die Totenglocke› geläutet habe, und ihn «wegen seiner Unfruchtbarkeit als Richtschnur in der biologischen Forschung und wegen des überlegenen heuristischen Wertes anderer Vorgehensweisen für tot erklärt habe»[8].

Aufschlußreich und wichtig dabei ist, daß dieses Argument gegen den Vitalismus nichts mit seiner *Wahrheit* zu tun hat, sondern mit seiner *Fruchtbarkeit.* Es ist ein allgemein üblicher Fehler, der viel Unheil anrichtet, diese beiden miteinander zu verwechseln. Ein methodologisches Prinzip – ‹Fruchtbarkeit› –, das als solches durchaus legitim ist, wird an die Stelle der Vorstellung von Wahrheit gesetzt und zu einer Philosophie mit allgemein gültigen Ansprüchen ausgeweitet. Wie Karl Stern sagt, werden «Methoden zu Mentalitäten»[9]. Eine Aussage wird nicht deswegen als unwahr angesehen, weil sie mit der Erfahrung unvereinbar erscheint, sondern weil sie nicht als Richtschnur in der Forschung dient und keinen heuristischen Wert hat. Umgekehrt wird eine Theorie als wahr betrachtet, ganz gleich, wie unwahrscheinlich sie allgemein gesehen ist, einfach auf Grund «ihres überlegenen heuristischen Wertes».

Die Aufgabe der beschreibenden Wissenschaften ist es, etwas zu beschreiben. Wer sie praktisch ausübt, weiß, daß die Welt voller Wunder ist, die alle Entwürfe, Theorien oder sonstigen Hervorbringungen des Menschen als kindliche Stümperei erscheinen lassen. Das führt bei vielen von denen, die nicht vom kartesianischen Impuls, sich zu «Herren und Eigentümern der Natur» zu machen,[10] von ihrer Wissenschaft angezogen werden, zu einer Haltung wissenschaftlicher Demut. Eine getreue Beschreibung muß jedoch nicht nur genau, sondern auch dem menschlichen Geist *begreifbar* sein. Endlose Ansammlungen von Fakten aber lassen sich nicht begreifen, mithin besteht eine unausweichliche Notwendigkeit zu Klassifizierungen, Verallgemeinerungen, Erklärungen – mit anderen Worten, zu Theorien, die darauf hinweisen, wie die Fakten möglicherweise ‹zusammenhängen›. Solche Theorien lassen sich niemals ‹wissenschaftlich beweisen›. Je einsichtiger und verständlicher eine Theorie in den beschreibenden Wissenschaften ist, desto mehr ist ihre Annahme ein Glaubensakt.

Umfassende Theorien in den beschreibenden Wissenschaften lassen sich in zwei Gruppen einteilen: diejenigen, die in dem, was sie beschreiben, *Intelligenz oder Sinn* am Werk sehen, und jene, die nichts sehen als *Zufall und Notwendigkeit.* Es ist klar, daß weder die einen noch die anderen zu ‹sehen›, das heißt durch die Sinne des Menschen erfahrbar sind. Im vierten Wissensbereich gibt es nur die Beobachtung von Bewegung und anderen Arten materieller Veränderung. Sinn oder Zweck, Intelligenz oder Zufall, Freiheit oder Notwendigkeit lassen sich, ebenso wie Leben, Bewußtsein und Selbstreflexivität, nicht mit den Sinnen beobachten. Es lassen sich nur ‹Zeichen› finden und beobachten; der Beobachter muß das Ausmaß an Bedeutung wählen, das er ihnen beizumessen bereit ist. Sie als Zeichen des Zufalls und der Notwendigkeit zu interpretieren, ist ebenso ‹unwissenschaftlich›, wie sie als Zeichen einer über die menschliche Stufe hinausgehenden Intelligenz zu deuten – das eine ist ebensosehr ein Glaubensakt wie das andere. Das heißt nicht, daß alle Deutungen in der Senkrechten, die die Bedeutungs- oder Seinsstufen darstellt, gleichermaßen wahr oder unwahr sind. Es heißt lediglich, daß ihre Wahrheit oder Unwahrheit nicht auf wissenschaftlichem Beweis beruht, sondern auf rechtem Urteil, einer Kraft des menschlichen Geistes, die die bloße Logik ebenso übersteigt wie der Geist des Programmierers den des Computers.

II

Die Unterscheidungen, die wir hier besprechen, sind von wahrhaft welthistorischer Bedeutung, wenn wir bedenken, was wahrscheinlich die einflußreichste Lehre der Moderne ist, nämlich die Evolutionstheorie. Offenbar darf diese Lehre nicht zu den unterweisenden Wissenschaften gerechnet werden: sie gehört zu den beschreibenden Wissenschaften. Daher ist zu fragen: «Was beschreibt sie?»

«Entwicklung in der Biologie», sagt Julian Huxley, «ist ein ungenauer und weitgreifender Begriff, mit dessen Hilfe man alle Arten von Veränderungen beschreibt, die innerhalb systematischer Einheiten von Tieren und Pflanzen auftreten . . .»[11] Daß eine Veränderung innerhalb bestimmter Gattungen von Tieren und Pflanzen in der Vergangenheit stattgefunden hat, wird reichlich durch die ausgegrabenen Fossilien bezeugt. Mit Hilfe der Zeitbestimmung durch radioaktive Strahlung hat man sie mit einem sehr hohen Maß wissenschaftlicher Gewißheit in den historischen Ablauf eingeordnet. Evolution kann aus diesem und auch aus anderen Gründen innerhalb der beschreibenden Wissenschaft biologischer Veränderung als über jeden Zweifel erhaben betrachtet und verallgemeinert werden.

Die Evolutionstheorie ist jedoch eine gänzlich andere Angelegenheit. Sie beschränkt sich nicht einfach auf eine systematische Beschreibung biologischer Veränderung, sondern macht es sich zur Aufgabe, sie mehr oder minder so zu beweisen und zu erklären, wie in den unterweisenden Wissenschaften Beweise und Erklärungen gehandhabt werden. Das ist ein philosophischer Irrtum mit verheerenden Folgen.

«Darwin», wird uns gesagt, «machte zwei Dinge deutlich: er zeigte, daß die Entwicklung tatsächlich den Schöpfungslegenden der Heiligen Schrift widerspricht und daß ihre Ursache, die natürliche Selektion, automatisch ablief und für göttliche Führung oder göttliche Absicht keinen Raum ließ.»[12] Jedem, der philosophisch zu denken vermag, sollte klar sein, daß wissenschaftliche Beobachtung als solche niemals «zwei Dinge» deutlich machen kann. «Schöpfung», «göttliche Lenkung» und «göttliche Absicht» liegen völlig außerhalb wissenschaftlicher Beobachtung, und das würde auch für ihre Nichtexistenz gelten. Jeder Tier- oder Pflanzenzüchter weiß, daß Selektion, und dazu gehört auch ‹natürliche Selektion›, ohne jeden Zweifel zur Veränderung führt. Daher ist es wissenschaftlich richtig zu sagen, «natürliche Selektion hat *erwiesenermaßen* zu evolutionärem Wechsel geführt» – wir können das sogar beweisen, indem wir das Behauptete tun. Es ist aber ganz und gar unzulässig zu sagen, die Entdeckung dieses Mechanismus – natürliche Selektion – beweise, daß die Ursache der Entwicklung «automatisch ablief und für göttliche Führung oder göttliche Absicht keinen Raum ließ». Man kann beweisen, daß Menschen Geld auf der Straße finden, aber niemand würde das als hinreichenden Grund für die Annahme betrachten, daß alles Einkommen auf diese Weise erworben wird.

Die Evolutionstheorie wird allgemein in einer Weise dargestellt, die allen Grundsätzen wissenschaftlicher Rechtschaffenheit hohnspricht und sie beleidigt. Sie beginnt mit der Erklärung von Veränderungen in Lebewesen. Sozusagen ohne Vorwarnung macht sie sich dann plötzlich daran, nicht nur die Entwicklung des Bewußtseins, der Selbstreflexivität, der Sprache und der gesellschaftlichen Einrichtungen zu erläutern, sondern auch den Ursprung des Lebens. Vorstellungskraft und Spekulation schießen ins Kraut, jede Erklärung ist recht, um alles zu erklären. «Die Evolution», sagt man uns, «wird von allen Biologen akzeptiert, und natürliche Selektion ist als ihre Ursache anerkannt . . .» Da man den Ursprung des Lebens als «bedeutenden Schritt in der Evolution»[13] beschreibt, sollen wir nun glauben, unbelebte Materie handhabe in meisterhafter Weise die natürliche Selektion. Der Evolutionstheorie gilt jede Möglichkeit, und sei sie noch so abgelegen, als völlig akzeptabler wissenschaftlicher Beweis dafür, daß das tatsächlich geschah:

«Als eine Stichprobe einer Atmosphäre aus Wasserstoff, Wasserdampf, Ammoniak und Methangas elektrischen Entladungen und ultraviolettem Licht ausgesetzt wurde, entstand durch spontane Synthese . . . eine große Anzahl organischer Verbindungen. Das beweist, daß eine vor-biologische Synthese komplexer Verbindungen möglich war.»[14]

Auf dieser Grundlage sollen wir glauben, daß Lebewesen plötzlich durch bloßen Zufall auftraten und sich anschließend im allgemeinen Chaos am Leben erhalten konnten:

«Man kann sehr wohl annehmen, daß Leben in einer wässerigen ‹Brühe› vor-biologischer organischer Verbindungen entstand, und daß sich später lebende Organismen entwickelten, indem sie eine Anzahl dieser Verbindungen mit Membranen umgaben, die ‹Zellen› aus ihnen machten. Das wird gewöhnlich als Anfangspunkt organischer (‹darwinscher›) Entwicklung angesehen.»[15]

Man sieht es so richtig vor sich, wie organische Verbindungen sich zusammenschließen und mit Membranen umgeben (kinderleicht für diese schlauen Verbindungen), und siehe da! hier haben wir die Zelle. Wenn sie aber erst einmal da ist, ist es nur noch eine Frage der Zeit, bis Shakespeare auftritt, wenn das auch natürlich eine Weile dauern wird. Daher gibt es keinen Grund, von Wundern zu sprechen – oder mangelndes Wissen einzugestehen. Es ist eines der großen Paradoxa unserer Zeit, daß Menschen, die den stolzen Titel ‹Naturwissenschaftler› in Anspruch nehmen, solche undisziplinierten und verantwortungslosen Spekulationen als Beiträge wissenschaftlicher Erkenntnis ausgeben – und daß sie damit durchkommen!

Dr. Karl Stern, ein Psychiater mit großem Scharfblick für die Dinge, hat gesagt:

«Wenn wir einmal ganz unverbindlich die Evolutionstheorie äußerst wissenschaftlich formulieren wollen, müssen wir ungefähr so sagen: ‹Zu einer bestimmten Zeit erreichte die Temperatur auf der Erde einen Wert, der die Anhäufung von Kohlenstoffatomen und Sauerstoff mit der Stickstoff-Wasserstoff-Kombination stark begünstigte, so daß sich aus zufällig auftretenden großen Klumpen Moleküle mit einer für die Entstehung des Lebens überaus günstigen Struktur ergaben. Das setzte sich über lange Zeiträume fort, bis durch Prozesse natürlicher Selektion schließlich ein Lebewesen entstand, das Liebe dem Haß und Gerechtigkeit der Ungerechtigkeit vorzuziehen vermag, Dichtung wie die Dantesche schreiben, Musik wie die Mozartsche komponieren und Zeichnungen wie die des Leonardo verfertigen kann.› Selbstverständlich ist eine solche Betrachtung der Kosmogenese irrsinnig. Und ich meine keineswegs irrsinnig im Sinne umgangssprachlicher Kränkung, sondern eher im fachmännischen Sinne von ‹psychotisch›. Eine solche Sehweise hat vieles mit bestimmten Aspekten der Schizophrenie gemein.»[16]

Doch bleibt die Tatsache, daß diese Art Denken nicht nur Biologen, sondern jedem als objektive Wissenschaft angeboten wird, der die Wahrheit über Ursprung, Bedeutung und Zweck menschlichen Daseins auf der Erde wissen möchte, und daß insbesondere auf der ganzen Welt praktisch alle Kinder in der hier beschriebenen Richtung indoktriniert werden.[17]

Die Aufgabe der Wissenschaft ist es, Beobachtungen zu machen und über diese Beobachtungen zu berichten. Die Forderung, es müsse verursachende Kräfte geben, wie ‹Schöpfer›, ‹Intelligenzen› oder ‹Planer›, die sich allen Möglichkeiten unmittelbarer Beobachtung entziehen, bringt ihr keinen Nutzen. «Wir wollen sehen, inwieweit wir Erscheinungen durch beobachtbare Gründe erklären können» ist ein äußerst vernünftiger und durchaus fruchtbarer methodischer Grundsatz. Die Evolutionstheorie jedoch macht aus der Methodologie einen Glauben, der *ex hypothesi* die Möglichkeit aller höheren Bedeutungsstufen ausschließt. Die gesamte Natur, zu der ganz offensichtlich auch die Menschheit gehört, wird als Ergebnis von Zufall und Notwendigkeit und *sonst nichts* angesehen. Es gibt keinen Sinn, keinen Zweck und keine Intelligenz in ihr – «Ein Märchen ist's, erzählt von einem Blöden, ... das nichts bedeutet» (Macbeth). Das ist der alleinseligmachende Glaube, und alle Beobachtungen, die ihm widersprechen, müssen entweder ignoriert oder so gedeutet werden, daß dieser Glaube bestehen bleiben kann.

Die Evolutionstheorie, wie sie gegenwärtig vorgetragen wird, hat in der Wissenschaft keine Grundlage. Sie läßt sich als eine in besonderer Weise heruntergekommene Religion beschreiben, deren Hohepriester großenteils nicht einmal an das glauben, was sie verkünden. Trotz weitverbreiteten Unglaubens dauert die Propaganda der wissenschaftlichen Prinzipienreiter ungeschwächt an, die behauptet, das wissenschaftliche Bild der Evolution lasse keinen Raum für einen höheren Glauben. Gegenargumente werden nicht zur Kenntnis genommen. Der Artikel über ‹Evolution› in *The New Encyclopaedia Britannica* (1975) endet mit einem Absatz über die Aufnahme der Evolutionstheorie, in dem gesagt wird, daß «Einwände gegen die Evolutionslehre von theologischen und eine Zeitlang auch von politischen Positionen aus erhoben wurden»[18]. Wer würde, wenn er das liest, annehmen, daß die ernsthaftesten Einwände von zahlreichen Biologen und anderen Wissenschaftlern mit untadligem Ruf stammten? Man hält es offensichtlich für unklug, sie zu erwähnen, und Bücher wie Douglas Dewars *The Transformist Illusion*[19], das eine eindrucksvolle Widerlegung der Evolutionslehre auf rein wissenschaftlicher Grundlage bietet, werden nicht für wert gehalten, in die Bibliographie zum Thema aufgenommen zu werden. Die Lehre von der Evolution ist keine Wissenschaft, sondern Science-fiction, und in gewisser Weise werden die Menschen damit sogar zum Narren gehalten. Dieser Schwindel hat nur allzuviel Glauben gefunden und den Menschen der Gegenwart in etwas eingezwängt, das wie ein unversöhnbarer Konflikt zwischen ‹Wissenschaft› und ‹Religion› aussieht. Er hat jeglichen Glauben zerstört, der die Menschen ‹hinanzieht›, und an seine Stelle einen gesetzt, der sie ‹hinabzieht›. *Nil admirari.* Zufall und Notwendigkeit sowie der utilitaristische Mechanismus natürlicher Selektion mögen zu Seltsamkeiten, Unwahrscheinlichkeiten und Absurditäten führen, zu nichts aber, das als Leistung *bewundert* werden kann – ebensowenig wie es der Bewunderung wert ist, wenn jemand in der Lotterie gewinnt. Es gibt nichts ‹Höheres› und nichts ‹Niedrigeres›; alles ist ziemlich dasselbe, wenn auch einige Dinge komplexer als andere sind – ganz zufällig. Die Evolutionstheorie, die behauptet, alles und jedes damit zu erklären, daß Anpassung und Überleben durch natürliche Selektion ermöglicht wurden, ist das extremste Produkt des materialistischen Utilitarismus, wie er im 19. Jahrhundert herrschte. Daß das Denken des 20. Jahrhunderts unfähig war, diesen Schwindel vom Tisch zu fegen, ist ein Unvermögen, das durchaus den Zusammenbruch der westlichen Zivilisation hervorrufen kann. Denn keine Zivilisation kann überleben ohne einen Glauben an Sinn und Werte, die über den auf Bequemlichkeit und Überleben gerichteten Utilitarismus hinausgehen – mit anderen Worten, ohne einen religiösen Glauben.

Martin Lings merkt dazu an:

«Es kann nur wenig Zweifel daran geben, daß in der heutigen Welt mehr Fälle von Glaubensverlust ihre unmittelbare Ursache in der Evolutionstheorie als in irgend etwas anderem haben. Es ist wahr, so überraschend das scheinen mag, daß viele Menschen es immer noch fertigbringen, ihr Leben in einer halbherzigen und unausgewogenen Mischung von Religion und Evolutionslehre zu leben. Doch für den, der eher logisch denkt, gibt es nur die Möglichkeit, zwischen beiden zu wählen, das heißt zwischen der Lehre vom Fall des Menschen und der ‹Lehre› von seinem Aufstieg, und die nicht gewählte ganz und gar zu verwerfen . . .

Millionen unserer Zeitgenossen haben sich für die Evolutionslehre in der Annahme entschieden, Evolution sei eine ‹wissenschaftlich bewiesene Wahrheit›, wie viele von ihnen in der Schule gelernt haben. Die Kluft zwischen ihnen und der Religion erweitert sich ständig dadurch, daß ein religiöser Mensch, wenn er nicht gerade Naturwissenschaftler ist, keine Brücke mehr zwischen sich und ihnen herstellen kann, indem er das richtige *Anfangs*-Argument liefert, das auf der wissenschaftlichen Ebene zu liegen hat.»[20]

Denn liegt es nicht auf der ‹wissenschaftlichen Ebene›, wird der religiöse Mensch niedergeschrien «und durch alle Arten wissenschaftlicher Fachsprache zum Schweigen gebracht». In Wahrheit jedoch braucht das Initial-Argument *nicht* auf der wissenschaftlichen Ebene zu liegen, es muß *philosophisch* sein. Alles läuft darauf hinaus: Beschreibende Wissenschaft wird unwissenschaftlich und verliert ihren Anspruch auf Gültigkeit, wenn sie sich in übergreifende erklärende Theorien verliert, die sich experimentell weder als richtig noch als falsch nachweisen lassen.

Solche Theorien haben nichts mit ‹Wissenschaft› zu tun, sondern mit ‹Glauben›.

III

Wir können an dieser Stelle unserer Darstellung sagen, daß es keine Möglichkeit gibt, einen *gültigen* Glauben aus der alleinigen Untersuchung des vierten Wissensbereichs zu gewinnen, der nichts als *Beobachtungen von Erscheinungen* bietet.

Dennoch läßt sich zeigen, daß die immer genauere, sorgfältigere, gewissenhaftere und einfallsreichere Beobachtung von Erscheinungen, so wie sie von den besten der modernen Wissenschaftler gehandhabt wird, zunehmende Mengen an Beweismaterial liefert, das den materialistischen Utilitarismus des 19. Jahrhunderts gänzlich Lügen straft. Hier ist nicht der Ort, diese Ergebnisse in Einzelheiten darzulegen. Ich kann nur noch einmal auf die Ergebnisse hinweisen, zu denen Wilder Penfield gelangt ist und die in sehr aufschlußreicher Weise durch die Untersuchung von Harold Saxton Burr, (emeritierter) Professor der Anatomie an der Yale

University School of Medicine, gestützt werden. Sein ‹wissenschaftliches Abenteuer› begann 1935 und dauerte vierzig Jahre: eine Suche nach dem geheimnisvollen Faktor, der aus unbelebter Materie lebende Wesen macht und sie dann am Leben erhält. Die Moleküle und Zellen des menschlichen Körpers zerfallen ständig und entstehen wieder aus neuem Material.

«Alles Protein im Körper wird beispielsweise alle sechs Monate ‹umgewälzt›, und in bestimmten Organen wie beispielsweise der Leber geschieht das noch häufiger. Wenn wir einen Bekannten treffen, den wir sechs Monate lang nicht gesehen haben, gibt es in seinem Gesicht nicht ein einziges Molekül, das bei unserem letzten Zusammentreffen mit ihm da war.»[21]

Professor Burr und seine Mitarbeiter entdeckten,

«daß der Mensch – und alle anderen Formen, in denen sich Leben äußert – durch elektrodynamische Felder geordnet und gesteuert werden, die sich ganz genau messen und aufzeichnen lassen . . .

Wenn die ‹Lebensbereiche› auch beinahe unvorstellbar verwickelt sind, sind sie doch von derselben Art wie die der modernen Physik bekannten einfacheren Felder und gehorchen denselben Gesetzen. Wie die Felder der Physik sind sie Teile im Bau des Alls und werden von den ungeheuren Kräften des Raumes beeinflußt. Wie die Felder der Physik haben sie ebenfalls ordnende und lenkende Eigenschaften, was in Tausenden von Experimenten gezeigt wurde.

Ordnung und Lenkung, die unmittelbaren Gegensätze des Zufalls, bedingen einen Zweck. Somit liefern die Lebensfelder einen rein elektronischen und instrumentellen Nachweis dafür, daß der Mensch kein Zufall ist. Im Gegenteil, er ist ein integrierter Bestandteil des Kosmos, ist in seine allmächtigen Felder eingebettet, unterliegt seinen unveränderlichen Gesetzen und hat teil an der Bestimmung und am Zweck des Alls.»[22]

Die Vorstellung, daß die Wunder der lebenden Natur nichts als verwickelte Chemie sind, die im Verlauf der natürlichen Selektion entstand, wird damit zerstört, wenn auch die Kraft, die die *Felder* ordnet, nach wie vor ein Geheimnis bleibt. Gewiß ist die Entthronung der Chemie und damit auch der Biochemie mit all ihrer RNS-Mythologie von Molekülen, die zu Informationssystemen werden, durch Professor Burr ein sehr großer Schritt in die richtige Richtung. «Sicherlich», sagt Professor Burr,

«ist die Chemie von großer Wichtigkeit, weil sie das Benzin darstellt, mit dem der Wagen fährt, aber die Chemie eines lebenden Systems bestimmt die funktionalen Eigenschaften eines lebenden Systems ebensowenig, wie der Wechsel der Benzinmarke aus einem Ford einen Rolls-Royce macht. Die Chemie liefert die Energie, doch die elektrischen Erscheinungen des elektrodynamischen Feldes bestimmen die Richtung, in der die Energie innerhalb des lebenden Systems strömt. Daher sind sie für das Verständnis des Wachsens und der Entwicklung alles Lebenden von vorrangiger Bedeutung.»[23]

Es ist überaus bezeichnend, daß die voreiligen utilitaristischen und materialistischen Lehren des 19. Jahrhunderts eine nach der anderen in dem Maße dahinsinken, in dem die beobachtende Wissenschaft verfeinert und genauer wird, auch wenn die meisten Wissenschaftler darauf bestehen, ihre Arbeit auf den vierten Wissensbereich zu begrenzen. Damit schließen sie, wir wir zuvor gezeigt haben, methodisch alle Hinweise auf Kräfte aus, die sich aus den höheren Seinsstufen herleiten, und beschränken sich auf die toten Aspekte des Alls. Diese methodische Selbsteinschränkung ist für die unterweisenden Wissenschaften vernünftig – sogar sehr vernünftig –, wenn auch nur, weil die höheren Kräfte Leben, Bewußtsein und Selbstreflexivität über die ‹Unterweisung› hinausgehen: sie unterweisen *selbst*! Aber für die beschreibenden Wissenschaften ist das keineswegs vernünftig: was taugt eine Beschreibung, wenn sie die aufschlußreichsten Aspekte und Einzelheiten des zu beschreibenden Gegenstandes ausläßt? Glücklicherweise gibt es jetzt eine ganze Anzahl von Wissenschaftlern wie den Zoologen Adolf Portmann und den Botaniker Heinrich Zoller (um die beiden zu nennen, denen ich am meisten verdanke) von der Universität Basel, die den Mut hatten, aus den Mauern auszubrechen, die die modernen Kartesianer errichtet haben, und uns das Reich und die Kraft und die Herrlichkeit eines geheimnisvoll bedeutsamen Alls zu zeigen.

Es ist Aufgabe der beschreibenden Wissenschaften, das zu tun. Wäre sie es nicht, welchen Grund hätte man dann, sich mit ihnen zu beschäftigen? Die modernen Kartesianer, die entschlossen sind, sich zu ‹Herren und Eigentümern der Natur› aufzuwerfen, antworten möglicherweise mit F. S. C. Northrop, daß die Beschreibung nur dann von Wert ist, wenn sie zum Handeln führt, das heißt zu einer Unterweisung, die Ergebnisse zeitigt, und daß die beschreibenden Wissenschaften daher lediglich unterweisende Wissenschaften im Anfangsstadium der Unreife sind. Würde diese Argumentationsweise ganz und gar übernommen – was seit Descartes zunehmend geschah –, müßte das wissenschaftliche Weltbild voller Trostlosigkeit und Schrecknisse sein. Kultur und Zivilisation würden ebenfalls auf diesem Wege untergehen.

IV

Die vier Wissensbereiche lassen sich klar voneinander unterscheiden; Wissen selbst ist trotzdem eine Einheit. Der Hauptzweck, der darin liegt, die vier Bereiche getrennt zu zeigen, ist der, die Einheit in ihrer ganzen Fülle erkennen zu lassen. Einige Beispiele für das, was diese Analyse uns zu verstehen hilft, sollen gegeben werden.

1. Die Einheit des Wissens wird zerstört, wenn einer oder mehrere der vier Wissensbereiche vernachlässigt werden, aber auch, wenn die Arbeit in einem Bereich mit Instrumen-

ten und Verfahrensweisen erfolgt, die nur in einem ganz anderen am Platze sind.

2. Damit wir Klarheit erlangen, müssen wir die vier Wissensbereiche den vier Seinsstufen zuordnen. Wir haben das bereits flüchtig berührt – daß beispielsweise jemand, der seine Untersuchungen auf den vierten Wissensbereich, den der Erscheinungen, beschränkt, nur wenig über die Menschennatur erfahren kann. In ähnlicher Weise läßt sich gewöhnlich nur eine geringe, wenn überhaupt eine Kenntnis über das Reich der unbelebten Materie aus Untersuchungen der inneren Erfahrungen gewinnen, es sei denn, man hätte höhere Wahrnehmungsfähigkeiten entwickelt, wie das nebst vielen anderen bei Lorber, Cayce und Therese Neumann der Fall war.

3. Die unterweisenden Wissenschaften tun gut daran, ihre Aufmerksamkeit ausschließlich auf den Bereich vier zu richten, da mathematische Genauigkeit nur in diesem Bereich der Erscheinungen erzielbar ist. Die beschreibenden Wissenschaften verraten auf der anderen Seite ihre eigentliche Aufgabe, wenn sie die unterweisenden Wissenschaften nachäffen und sich auf die Beobachtung von Erscheinungen beschränken. Wenn sie nicht zum *Sinn* und *Zweck*, das heißt zu Vorstellungen vordringen können, die sich nur aus innerer Erfahrung (Bereiche eins und zwei) herleiten lassen, bleiben sie unfruchtbar und für die Menschheit nahezu nutzlos – außer, daß sie zur Herstellung von ‹Bestandsaufnahmen› taugen können, die kaum den edlen Namen Wissenschaft verdienen.

4. Selbstkenntnis, die allenthalben als das Wertvollste gepriesen wird, ist gänzlich wertlos, wenn sie ausschließlich auf der Untersuchung von Bereich eins beruht, der eigenen inneren Erfahrung. Ihr *muß* eine ebenso gründliche Untersuchung des Bereichs drei gegenübergestellt werden, damit wir lernen, uns so zu erfahren, wie andere uns kennen. Dieser Punkt wird nur zu häufig übersehen, weil man es unterläßt, zwischen Bereich eins und Bereich drei zu unterscheiden.

5. Zuletzt bleibt gesellschaftliches Wissen, das Wissen,

das zur Herstellung harmonischer Beziehungen zwischen den Menschen erforderlich ist: wir haben keinen unmittelbaren Zugang zum Bereich zwei – den inneren Erfahrungen anderer. Eine der wichtigsten Aufgaben des Menschen als Gesellschaftswesen ist es aber, dazu zumindest einen mittelbaren Zugang zu gewinnen. Dieser mittelbare Zugang ist nur durch Selbstkenntnis möglich. Das wiederum zeigt, was für ein schwerwiegender Fehler es ist, einem Menschen, der nach Selbstfindung strebt, den Vorwurf zu machen, er ‹wende der Gesellschaft den Rücken zu›. Das Gegenteil käme der Wahrheit näher: daß jemand, der nicht danach strebt, sich selbst zu erkennen, eine Gefahr für die Gesellschaft ist und bleibt, denn er wird alles falsch verstehen, was andere sagen oder tun, und vieles von dem, was er selbst tut, in unbeschwerter Unwissenheit nicht wahrnehmen.

IV
Die Krise der Moderne

«Immer mehr Menschen fangen an zu begreifen, daß das ‹moderne Experiment› gescheitert ist. Es bekam seine ersten Anstöße durch das, was ich die kartesianische Revolution genannt habe, die mit unerbittlicher Folgerichtigkeit den Menschen von jenen höheren Stufen löste, die allein seine Menschlichkeit erhalten können. Der Mensch hat sich selbst die Tore des Himmels verschlossen und mit ungeheurer Energie und Findigkeit versucht, sich auf die Erde zu beschränken. Nunmehr entdeckt er, daß die Erde lediglich ein vorübergehender Aufenthaltsort ist und die Weigerung, nach dem Himmel zu trachten, einen unfreiwilligen Abstieg zur Hölle bedeutet.»

I

Zuerst haben wir uns mit ‹der Welt› beschäftigt – ihren vier Seinsstufen; dann mit dem ‹Menschen› – wie ist er gerüstet, um der Welt entgegenzutreten: inwieweit ist er für dieses Zusammentreffen adäquat ausgestattet? Als dritten Punkt haben wir uns damit beschäftigt, etwas über die Welt und uns selbst zu erfahren – also mit den vier Wissensbereichen. Wir müssen jetzt noch einen Blick darauf werfen, was es heißt, in dieser Welt zu leben.

Leben heißt mit den Dingen *fertigzuwerden*, mit allerlei Umständen, von denen viele schwierig sind, zu kämpfen und in ihnen zu bestehen. Schwierige Umstände bieten Schwierigkeiten, und man kann sagen, leben bedeutet vor allem mit Schwierigkeiten fertigzuwerden.

Ungelöste Schwierigkeiten verursachen oft eine Art Existenzangst. Ob das stets so war, mag dahingestellt bleiben, aber gewiß ist es in der modernen Welt so. Teil des heutigen Kampfes gegen die Angst ist das Rezept des Descartes: «Man beschäftige sich nur mit solchen Vorstellungen, die klar, genau und über jeden vernünftigen Zweifel hinaus gewiß sind. Daher verlasse man sich auf die Geometrie, Mathematik, das Zählbare, das Meßbare und auf genaue Beobachtung.» Das ist die einzige Art (sagt man uns), Probleme zu lösen, der einzige Weg des Fortschritts. Wenn wir nur alles Gefühl und andere irrationale Haltungen aufgeben, können und werden wir alle Schwierigkeiten lösen. Wir leben in einem Zeitalter, das von der Quantität beherrscht wird – und nebenbei gesagt ist ‹Herrschaft der Quantität› der Titel eines schwierigen und wichtigen Buches von René Guénon[1], einem der wenigen bedeutenden Metaphysiker unserer Zeit. Quantifizierung und Kosten-Nutzen-Analyse werden als Lösung der meisten, wenn nicht aller unserer Schwierigkeiten angesehen, obwohl es da, wo wir uns mit so komplexen Wesen wie den Menschen oder komplexen Systemen wie Gesellschaften beschäftigen, noch eine kleine Weile dauern mag, bis hinreichende Angaben zusammengetragen und analysiert worden sind. Unsere Kultur verfügt über einzigartige Erfahrungen in Problemlösungsverfahren, und es gibt in der heutigen Welt mehr Wissenschaftler und verwandte Berufe als in allen früheren Generationen zuvor. Keiner von ihnen verschwendet seine Zeit damit, die Wunder des Alls zu bestaunen oder Selbstkenntnis zu erlangen: sie alle *lösen Probleme.* (Ich könnte mir vorstellen, daß jemand an dieser Stelle leicht besorgt wird und fragt: «Wenn das so ist, werden wir dann nicht eines Tages zuwenig Probleme haben?» Doch wäre er leicht zu beruhigen: wir haben jetzt mehr und schwierigere Aufgaben, als jede Generation vor uns sich rühmen konnte zu haben, sogar Probleme des Überlebens.)

Diese außergewöhnliche Situation könnte uns dazu führen, die Art der ‹Probleme› zu untersuchen. Wir wissen, daß es gelöste und ungelöste Probleme gibt. Die ersteren, so dürfen wir meinen, seien unproblematisch. Aber was ist mit den letzteren? Gibt es Probleme, die nicht nur ungelöst, sondern auch unlösbar sind?

Sehen wir uns zuerst die gelösten Probleme an. Wir stehen einer Konstruktionsaufgabe gegenüber – beispielsweise: gesucht wird ein zweirädriges, von Menschenkraft betriebenes Verkehrsmittel. Verschiedene Lösungen werden vorgetragen, die allmählich konvergieren, bis es schließlich zu einer Konstruktion kommt, die einfach ‹die Lösung› darstellt – ein Fahrrad. Diese Lösung erweist sich als erstaunlich dauerhaft. Warum ist sie das? Einfach, weil sie den Naturgesetzen entspricht – Gesetzen auf der Ebene der unbelebten Natur.

Ich schlage vor, alle Probleme dieser Art *konvergierende Probleme* zu nennen. Je intelligenter man sie untersucht, um so mehr laufen die Lösungen zusammen – ganz gleich, wer sie untersucht. Man kann sie in ‹gelöste konvergierende Probleme› und ‹bisher ungelöste konvergierende Probleme› einteilen. Das Wort ‹bisher› ist wichtig, denn es gibt grundsätzlich keinen Anlaß anzunehmen, sie wären nicht eines

Tages zu lösen. Alles braucht seine Zeit, und wir haben einfach noch nicht genug Zeit zu ihrer Lösung gehabt. Wir benötigen mehr Zeit, mehr Geld für Forschung und Entwicklung und vielleicht auch etwas mehr Talent.

Außerdem kommt es vor, daß eine Anzahl sehr intelligenter Menschen sich daran macht, eine Aufgabe zu untersuchen und dabei zu Ergebnissen gelangt, die einander widersprechen. Sie konvergieren nicht. Im Gegenteil, je klarer sie erläutert und je logischer sie entwickelt werden, desto mehr *divergieren* sie, bis einige von ihnen das genaue Gegenteil der anderen zu sein scheinen. Beispielsweise stellt das Leben uns eine sehr große Aufgabe – nicht der technischen, ein zweirädriges Gefährt zu schaffen, sondern der menschlichen, wie wir unsere Kinder erziehen sollen. Da wir uns ihr nicht entziehen können, sondern uns ihr stellen müssen, bitten wir eine Anzahl intelligenter Menschen um ihren Rat. Einige von ihnen sagen auf Grund unmittelbarer Intuition: «Erziehung ist der Prozeß, durch den der nächsten Generation die bestehende Kultur vermittelt wird.» Wer über Wissen und Erfahrung verfügt (oder von dem man das annimmt), *lehrt*, und wer noch kein Wissen und keine Erfahrung hat, *lernt*. Das ist völlig klar, und es ergibt sich daraus, daß ein Rahmen gegeben sein muß, in dem Autorität und Disziplin einen Platz finden.

Nichts könnte einfacher, wahrhafter, einleuchtender und klarer sein. Wenn es darum geht, bestehendes Wissen von denen, die es haben, an die weiterzugeben, die lernen, müssen die Lernenden sich in Disziplin üben, um das Angebotene entgegenzunehmen. Anders gesagt verlangt Erziehung nach Autorität für die Lehrer und nach Disziplin und Gehorsam auf seiten der Schüler.

Jetzt sagt aber eine andere Gruppe unserer Berater, die die Aufgabe mit größter Sorgfalt untersucht hat: «Erziehung bedeutet nichts anderes als dem Lernenden ein Angebot zu machen. Der Erziehende ist wie ein guter Gärtner, der darum bemüht ist, guten, gesunden und fruchtbaren Boden zur Verfügung zu stellen, in dem eine junge Pflanze kräftige Wurzeln entwickeln und dem sie die Nährstoffe entziehen kann, deren sie bedarf. Die junge Pflanze entwikkelt sich dann entsprechend ihren eigenen Seinsgesetzen, die weit verwickelter und undurchschaubarer sind, als irgend jemand das auszuloten vermag, so daß sie sich am besten entwickelt, wenn man ihr die größtmögliche Freiheit bei der Auswahl der Nährstoffe läßt, die sie braucht.» Mit anderen Worten verlangt Erziehung, wie diese zweite Gruppe sie sieht, nicht nach Disziplin und Gehorsam, sondern nach Freiheit – einer größtmöglichen Freiheit.

Wenn unsere erste Gruppe von Beratern recht hat, sind Disziplin und Gehorsam ‹etwas Gutes›. Nun kann völlig logisch gesagt werden: wenn etwas ‹gut› ist, dann ist mehr davon noch besser. Dieser logische Gedankengang führt zu der Schlußfolgerung, vollkommene Disziplin und vollkommener Gehorsam müßten etwas Vollkommenes sein . . . die Schulen würden dann Gefängnisse werden.

Unsere zweite Gruppe von Beratern wiederum sagt, daß in der Erziehung Freiheit ‹etwas Gutes› sei. Wenn das stimmt, ist mehr Freiheit noch besser, und vollkommene Freiheit würde zu vollkommener Erziehung führen. Die Schule würde zu einer Art Wildnis, ja sogar zu einer Art Irrenanstalt.

Freiheit und Disziplin/Gehorsam – hier haben wir ein vollkommenes Gegensatzpaar. Es gibt keinen Kompromiß. In jeder Situation des wirklichen Lebens ist es entweder das eine oder das andere. Es ist entweder ‹tu, was du willst› oder ‹tu, was ich dir sage›.

Die Logik hilft uns nicht, denn sie verlangt, daß das Gegenteil von etwas, das wahr ist, nicht zugleich auch wahr sein kann. Sie verlangt außerdem, daß, wenn etwas gut ist, mehr davon besser ist. Hier aber sehen wir uns einem sehr typischen und sehr grundlegenden Problem gegenüber, das ich als *divergierend* bezeichne. Es ist gewöhnlicher linearer Logik nicht zugänglich und zeigt uns, daß Leben nicht in Logik aufgeht.

Die Frage: «Was ist die beste Erziehungsmethode?» ist kurz gesagt ein divergierendes Problem *par excellence*. Die Lösungen gehen auseinander; und zwar um so mehr, je logischer und widerspruchsfreier sie sind. Nehmen wir ‹Freiheit› gegen ‹Disziplin und Gehorsam›. Eine Lösung gibt es nicht – und dennoch sind einige Erzieher besser als andere. Wie machen sie das? Eine Möglichkeit, das festzustellen, besteht darin, sie zu fragen. Wenn wir ihnen unsere philosophischen Schwierigkeiten erklärten, würden sie Zeichen der Verärgerung über diese intellektuelle Betrachtungsweise zeigen. «Sehen Sie mal», könnten sie sagen, «das ist alles viel zu ausgeklügelt für mich. Das Entscheidende ist: man muß die kleinen Scheusale *lieben.*» Liebe, Mitempfinden, *participation mystique*, Verständnis, Einfühlungsvermögen – das sind Fähigkeiten einer höheren Ordnung als der, die man für die praktische Durchführung von Disziplin oder Freiheit braucht. Um diese Fähigkeiten oder Kräfte zu mobilisieren, sie nicht einfach als gelegentliche Impulse, sondern ständig verfügbar zu haben, ist ein hohes Maß an Selbstreflexivität erforderlich, und das macht einen großen Erzieher aus.

Die Aufgabe der Erziehung liefert das klassische Beispiel für ein divergierendes Problem, und das ist ebenso in der Politik, wo das häufigste Gegensatzpaar ‹Freiheit› und ‹Gleichheit› ist, was in Wirklichkeit Freiheit *gegen* Gleichheit bedeutet und Gleichheit *gegen* Freiheit. Denn wenn man den Dingen ihren Lauf läßt, das heißt, sie sich selbst überläßt, gedeihen die Starken, und die Schwachen leiden, und es wird keine Spur von Gleichheit zu finden sein. Die Durchsetzung der Gleichheit verlangt auf der anderen Seite die Beschneidung der Freiheit – *es sei denn, etwas von einer höheren Stufe greift ein.* Ich weiß nicht, wer den Schlachtruf der Französischen Revolution geprägt hat*; jedenfalls muß er über eine seltene Verständniskraft verfügt haben. Dem Gegensatzpaar *liberté* gegen *egalité*, die in der gewöhnlichen Logik unvereinbar sind, fügte er einen dritten Faktor oder eine dritte Kraft hinzu – *fraternité*, Brüderlichkeit –, die

* Einige sagen, daß es Louis-Claude de Saint Martin (1743–1803) war, der seine Arbeiten mit *Le Philosophe inconnu*, der unbekannte Philosoph, zeichnete.

einer höheren Stufe angehört als *liberté* oder *egalité*. Woran erkennen wir das? Die ersten beiden können von Gesetzen erzwungen werden, doch *fraternité* ist etwas Menschliches. Sie ist den Institutionen nicht zugänglich und liegt jenseits der Ebene der Manipulation. Brüderlichkeit läßt sich erreichen, sie wird auch oft erreicht, aber nur dadurch, daß einzelne ihre eigenen höheren Kräfte und Fähigkeiten aufbieten, kurz, bessere Menschen werden. «Wie bessert man die Menschen?» Diese Frage wird immer wieder gestellt, und sie zeigt nichts anderes, als daß das Wesentliche gar nicht verstanden wurde. Die Vorstellung, Menschen besser zu *machen*, gehört der Ebene der Manipulation an, derselben Ebene, auf der die Gegensätze bestehen und auf der ihre Versöhnung nicht möglich ist.

In dem Augenblick, in dem wir erkennen, daß es zwei verschiedene Arten von Problemen gibt, mit denen wir es auf unserer Reise durch das Leben zu tun haben – ‹konvergierende› und ‹divergierende› – stellen sich uns einige sehr beachtenswerte Fragen, wie zum Beispiel:

Wie kann ich erkennen, ob ein Problem dem einen oder anderen Typus zugehört?

Was macht den Unterschied aus?

Womit kann ein Problem des einen oder des anderen Typus jeweils gelöst werden?

Gibt es einen ‹Fortschritt›? Können Lösungen akkumuliert werden?

Der Versuch, auf Fragen dieser Art einzugehen, wird zweifellos zu vielen weiteren Untersuchungen führen.

Wir wollen also mit der Frage des Erkennens beginnen. Wie schon gesagt wurde, neigen die Lösungen eines konvergierenden Problems dazu, sich einander anzunähern, zunehmend präziser zu werden. Sie lassen sich in endgültiger Form als Anweisung niederschreiben. Ist die Lösung einmal gefunden, bietet die Aufgabe keinen Anreiz mehr: ein gelöstes Problem ist ein erledigtes Problem. Zur Anwendung der Lösung bedarf es keiner höheren Fähigkeit – der Reiz ist hin, die Arbeit ist getan. Wer auch immer die Lösung verwendet, kann vergleichsweise passiv bleiben. Er ist ein Empfangender, der sozusagen etwas umsonst bekommt. Konvergierende Probleme beziehen sich auf den toten Teil der Natur, wo die Manipulation ungehindert schalten und walten kann und der Mensch sich zum ‹Herrn und Eigentümer› aufwerfen kann, weil dort die subtilen höheren Kräfte, die wir Leben, Bewußtsein und Selbstreflexivität genannt haben, die Dinge nicht komplizieren können. Da aber, wo diese höheren Kräfte in bemerkenswertem Ausmaß wirken, ist das Problem kein konvergierendes mehr. Wir können daher sagen, daß *Konvergenz* mit Bezug auf jedes Problem angenommen werden darf, wenn es nicht um Leben, Bewußtsein oder Selbstreflexivität geht, das heißt auf den Gebieten der Physik, Chemie, Astronomie, bei abstrakten Gegenständen wie Geometrie und Mathematik oder bei Spielen wie Schach.

In dem Augenblick, in dem wir es mit Problemen zu tun haben, bei denen die höheren Seinsstufen eine Rolle spielen, müssen wir mit *Divergenz* rechnen, denn hier tritt, in wie bescheidenem Maße auch immer, das Element der Freiheit und inneren Erfahrung hinzu. Aus einem anderen Winkel betrachtet sehen wir das universalste Gegensatzpaar, das untrügliche Kennzeichen des Lebens: Wachstum und Verfall. Wachstum gedeiht durch Freiheit (ich meine gesundes Wachstum – pathologisches Wachstum ist in Wirklichkeit eine Form des Verfalls), während die Kräfte des Verfalls und der Auflösung sich nur durch eine gewisse Ordnung im Zaum halten lassen. Diesen grundlegenden Gegensatzpaaren –

Wachstum *gegen* Verfall
und Freiheit *gegen* Ordnung –

begegnen wir überall dort, wo es Leben, Bewußtsein und Selbstreflexivität gibt. Wie wir gesehen haben, ist ein Problem, bei dem Gegensatzpaare auftreten, divergierend, während es konvergierend ist, wenn keine Gegensatzpaare (dieser grundlegenden Art) bestehen.

Die Vorgehensweise bei der Problemlösung, das läßt sich leicht beobachten, ist etwas, das wir ‹die Labormethode› nennen können. Sie besteht darin, alle Faktoren auszuschließen, die sich nicht streng kontrollieren oder zumindest genau messen lassen, so daß man ihnen ‹Rechnung tragen› kann. Was übrigbleibt, ist nicht mehr Teil des wirklichen Lebens mit all seinen Unvorhersagbarkeiten, sondern ein davon losgelöstes System, das konvergierende und mithin grundsätzlich *lösbare* Aufgaben stellt. Die Lösung eines konvergierenden Problems sagt etwas über das einzelne System aus, aber nichts über Angelegenheiten außerhalb und jenseits seiner.

Ich habe gesagt, ein Problem lösen bedeutet, es erledigen. Es ist nichts dagegen einzuwenden, wenn man ein konvergierendes Problem ‹erledigt›, denn es bezieht sich auf etwas, das bleibt, nachdem Leben, Bewußtsein und Selbstreflexivität bereits ausgeschaltet wurden. Können – oder sollten – aber divergierende Probleme erledigt werden? (Das Wort ‹Endlösung› hat in den Ohren meiner Generation immer noch einen grauenvollen Klang.)

Divergierende Probleme lassen sich nicht erledigen, nicht in dem Sinne lösen, daß die ‹richtige Formel› aufgestellt wird. Doch kann man über sie hinausgehen. Ein Gegensatzpaar – wie beispielsweise Freiheit und Ordnung – besteht aus Gegensätzen auf der Ebene des gewöhnlichen Alltagslebens. Auf der höheren, der wirklich *menschlichen* Ebene, auf der Selbstreflexivität ihre eigentliche Rolle spielt, sind es keine Gegensätze mehr. Erst dann werden solch höhere Kräfte wie Liebe und Mitempfinden, Verständnis und Einfühlungsvermögen verfügbar, nicht einfach als gelegentliche Antriebe (die sie auf der unteren Ebene sind), sondern als regelmäßige und zuverlässige Quelle der Kraft. Gegensätze sind keine Gegensätze mehr, sie ruhen friedlich beieinander wie der Löwe und das Lamm im Arbeitszimmer des heiligen Hieronymus (der auf Dürers berühmtem Stich ‹die höhere Stufe› darstellt).

Wie ist es möglich, daß Gegensätze keine Gegensätze mehr sind, sobald eine ‹höhere Kraft› hineinspielt? Wie können Freiheit und Gleichheit aufhören, gegeneinander zu wirken, und sich ‹versöhnen›, wenn die Brüderlichkeit hinzutritt? Es handelt sich dabei nicht um logische, sondern um *existentielle* Fragen. Das Hauptaugenmerk des Existentialismus, so wurde gesagt[2], liegt darauf, daß Erfahrung als Beweismittel zugelassen werden muß, was bedeutet, daß es ohne Erfahrung kein Beweismaterial gibt. Daß Gegensätze überwunden werden, sobald ‹höhere Kräfte› – wie Liebe und Mitempfinden – hinzutreten, ist nichts, über das sich mit Begriffen der Logik streiten ließe: es muß in der eigenen Existenz erfahren werden (daher der Begriff ‹Existentialismus›). Nehmen wir eine Familie mit zwei großen Jungen und zwei kleinen Mädchen an. In ihr herrscht Freiheit, ohne daß die Gleichheit zerstört wird, weil die Brüderlichkeit die Anwendung der Überlegenheit verhindert, die den großen Jungen zu Gebote steht.

Es ist wichtig, daß wir uns dieser Gegensatzpaare wirklich bewußt werden. Unserem logischen Verstand sagen sie nicht zu: er arbeitet im allgemeinen nach dem Grundsatz von entweder-oder oder ja-nein, wie ein Computer. Da die Ausschließlichkeit, mit der sich der Verstand jedesmal für die eine oder die andere Lösung von Gegensätzen entscheiden will, unvermeidlich zu einem noch deutlicheren Verlust an Wirklichkeitsbezug und Wahrheit führt, wechselt er oft plötzlich auf die andere Seite über, ohne es auch nur zu bemerken. Er schwingt wie ein Pendel von einem Gegensatz zum anderen und meint daher jedesmal, er ‹fasse einen neuen Entschluß›. Oder aber der Verstand wird starr und leblos, weil er sich auf die eine Seite des Gegensatzpaares fixiert und dabei den Eindruck gewonnen hat, ‹das Problem sei nunmehr gelöst›.

Die Gegensatzpaare, von denen Freiheit und Ordnung sowie Wachstum und Verfall die grundlegendsten sind, bringen Spannung in die Welt, eine Spannung, die die Empfindsamkeit des Menschen verfeinert und seine Selbstreflexivität steigert. Ohne ein Bewußtsein von diesen Gegensatzpaaren, die sich sozusagen durch alles hindurchziehen, was der Mensch tut, ist wirkliches Verständnis nicht möglich.

Im Leben von Gesellschaften besteht die Notwendigkeit, gerecht, aber auch barmherzig zu sein. «Gerechtigkeit ohne

Barmherzigkeit», sagte Thomas von Aquin, «ist grausam; Barmherzigkeit ohne Gerechtigkeit ist die Mutter der Verderbnis»[3] – eine überaus klare Kennzeichnung eines divergierenden Problems. Gerechtigkeit ist die Weigerung, barmherzig zu sein, und Barmherzigkeit ist die Weigerung, gerecht zu sein. Erst eine höhere Kraft – die Weisheit – kann diese Gegensätze miteinander versöhnen. Das Problem ist nicht lösbar, aber Weisheit kann darüber hinausgreifen. In ähnlicher Weise brauchen Gesellschaften Stabilität *und* Wechsel, Tradition *und* Erneuerung, öffentliches *und* privates Interesse, Planung *und* Laisser-faire, Ordnung *und* Freiheit, Wachstum *und* Verfall: überall hängt die Gesundheit der Gesellschaft vom gleichzeitigen Streben nach einander entgegengesetzten Tätigkeiten oder Zielen ab. Die Übernahme einer endgültigen Lösung bedeutet eine Art Todesurteil für die Menschlichkeit des Menschen und führt entweder zu Grausamkeit oder zu Verderbnis – im allgemeinen zu beidem.

Divergierende Probleme beleidigen den logisch denkenden Verstand, der Spannung dadurch beseitigen will, daß er auf der einen oder anderen Seite zur Ruhe kommt. Andererseits fordern sie die höheren menschlichen Fähigkeiten heraus, ohne die ein Mensch nichts als ein kluges Tier ist, regen sie an und verfeinern sie. Weigert man sich, das Auseinanderstreben divergierender Probleme anzuerkennen, bleiben diese höheren Fähigkeiten unbenutzt und welken dahin. Wenn das geschieht, ist es mehr als wahrscheinlich, daß das ‹kluge Tier› sich selbst zerstört.

Das Leben des Menschen kann also als eine Aufeinanderfolge divergierender Probleme gesehen und verstanden werden, denen man unausweichlich begegnet und denen man sich in gewisser Weise stellen muß. Sie widersetzen sich bloßer Logik und diskursivem Argumentieren und stellen gleichsam einen Streckapparat zur Entwicklung des Ganzen Menschen dar, und das bedeutet, zur Entwicklung der Fähigkeiten des Menschen, die über die bloße Logik hinausgehen. Alle traditionellen Kulturen haben das Leben als eine Schule betrachtet und auf die eine oder andere Weise die wesentliche Bedeutung dieser erzieherischen Kraft gesehen und anerkannt.

II

Möglicherweise sind an dieser Stelle einige Worte über die Kunst am Platze. Heute scheint es, soweit es um Kunst geht, nichts zu geben, wonach man sich zu richten hat, und alles ist erlaubt. Wer wagt es schon, etwas schlecht zu finden, das von sich behauptet, es sei ‹Kunst, die ihrer Zeit voraus ist›? Doch brauchen wir gar nicht so schüchtern zu sein. Wir können eine zuverlässige Richtungsbestimmung dadurch erhalten, daß wir die Kunst in Beziehung zum Menschen setzen, der aus Fühlen, Denken und Wollen besteht. Kunst, die es in erster Linie darauf anlegt, unsere Gefühle anzusprechen, können wir Unterhaltung nennen; zielt sie in erster Linie auf unseren Willen, können wir sie als Propaganda bezeichnen. Diese beiden, Unterhaltung und Propaganda, lassen sich als Gegensatzpaar sehen, und wir merken rasch, daß etwas fehlt. Kein großer Künstler hat sich jemals ganz von der Unterhaltung oder der Propaganda abgewandt, war aber auch niemals ausschließlich mit diesen beiden zufrieden. Immer wieder strebte er danach, die Wahrheit zu verbreiten, die *Macht* der Wahrheit, indem er sich an die höheren Verstehenskräfte des Menschen wandte, die über den bloßen Verstand hinausgehen. Unterhaltung und Propaganda allein geben uns keine Macht, sondern üben Macht über uns aus. Wenn die Wahrheit sich diese beiden zu Diensten macht, hilft die Kunst uns bei der Entwicklung unserer höheren Fähigkeiten, und auf nichts anderes kommt es an. Ananda K. Coomaraswamy sagt, wenn Kunst irgendeinen wirklichen Wert haben soll, muß sie den edelsten Teil in uns ernähren und wachsen lassen, so wie Pflanzen in geeigneten Böden ernährt werden und wachsen. In einer Hinsicht jedoch hat das Publikum recht; es will bei einem Kunstwerk stets wissen, ‹worum es geht› . . . Wir wollen die schmerzliche Wahrheit aussprechen, daß es bei den meisten dieser (großen) Kunstwerke um Gott geht, den wir in feiner Gesellschaft nie erwähnen. Geben wir es doch zu: wir wollen eine Erziehung in Übereinstimmung mit der tiefinnersten Natur und Ausdruckskraft [großer Kunstwerke], wollen nicht eine Erziehung zur Empfindsamkeit, sondern eine Erziehung zur Philosophie in dem Sinne wie Plato und Aristoteles das Wort gebraucht haben, denen *sie Ontologie, Theologie und den Plan des Lebens bedeutet, sowie eine Weisheit, die auf alle Dinge des täglichen Lebens anzuwenden ist.*»[4] [Hervorhebung durch E. F. S.]

Bei allen großen Kunstwerken ‹geht es um Gott› in dem Sinne, daß dem ratlosen Menschen der Pfad, der Weg bergan, gewiesen, daß den Irrenden ein Führer beigegeben wird. Erinnern wir uns noch einmal an eines der größten Beispiele solcher Kunst, Dantes *Göttliche Komödie*[5]. Dante wollte von gewöhnlichen Männern und Frauen gelesen werden, nicht von solchen, deren private Vermögensverhältnisse es ihnen gestatteten, sich hauptsächlich mit feineren Empfindungen zu beschäftigen. «Das ganze Werk», erklärt er, «hatte kein spekulatives, sondern ein praktisches Ziel . . . Der Zweck des Ganzen liegt darin, die im Elend Lebenden aus ihm heraus zu einem Zustand der Glückseligkeit zu führen.» Der Pilger – Dante selbst – *nel mezzo del cammin di nostra vita*, das heißt auf der Höhe seiner Kraft und seines äußeren Erfolges, merkt auf einmal, daß er sich keinesfalls auf der Höhe befindet, sondern im Gegenteil «in einem finstern Walde, weil (er) vom rechten Pfad verlor die Schritte».

«Wie er gewesen, wäre schwer zu sagen,
Der wilde Wald, der harte und gedrängte,
Der in Gedanken noch die Angst erneuert.
Fast gleichet seine Bitternis dem Tode.»

Er kann sich nicht erinnern, wie er dorthin gelangte,

«So war ich schwer vom Schlaf zu jener Stunde,
Da ich den wahren Weg verlassen hatte».

Nachdem er sich ‹gefunden hat›, blickt Dante auf und
sieht (die Bergesschultern)

«Schon von den Strahlen des Gestirns bekleidet
[d. i. die Sonne],
Das uns auf jedem Pfade richtig führet»

auf eben den Berg, den er hatte ersteigen wollen. Er unternimmt einen neuen Versuch; doch versperren ihm drei Tiere den Weg: zuerst

«. . . beinah beim Beginn des Hanges
Erschien ein Panther, leicht und sehr behende,
Der war bedeckt mit einem bunten Felle.
Er wollt' mir nicht mehr aus den Augen gehen,
Vielmehr hat er mir so im Weg gestanden,
Daß ich mich mehrmals schon zur Umkehr wandte.»
[Hervorhebung durch E. F. S.]

Geschmeidig, behend, mit buntem Fell – all die angenehmen Versuchungen des Lebens, denen sich hinzugeben er gewohnt war. Doch kommt es noch schlimmer – ein Löwe, schrecklich dräuend, und eine Wölfin

«. . . die schien beladen
In ihrer Magerkeit mit allen Lüsten
Und stürzte viele Menschen ins Verderben.
Die Wölfin brachte mich so in Bedrängnis,
Und so sehr hat ihr Anblick mich geängstigt,
Daß ich die Hoffnung [auf den Berg] *verloren.*»
[Auslassung und Hervorhebung durch E. F. S.]

Beatrice jedoch sieht Dante ‹aus Himmelsauen› und will ihm helfen. Sie selbst vermag es nicht, da er zu tief gesunken ist, als daß Religion ihn erreichen könnte. So bittet sie die Kunst in der Person Vergils, ihn von ‹diesem wilden Ort› hinwegzuführen. Wahre Kunst ist der Mittler zwischen der gewöhnlichen Natur des Menschen und seinen höheren Möglichkeiten, und so akzeptiert Dante Vergil:

«Du hast mit Sehnsucht so mein Herz beweget
Durch deine Worte, daß ich gerne komme

Und meinem alten Vorsatz wieder folge.
Nun geh, uns beide treibt der gleiche Wille,
Du bist der Führer, bist der Herr und Meister.»

Nur die Wahrheit kann als Meister, Gebieter und Leiter akzeptiert werden. Wer Kunst lediglich ihrer Schönheit wegen schätzt, übersieht das Wesentliche. Die wahre Aufgabe der Kunst besteht darin, «das Herz so mit des Eifers Glut entbrennen» [zu lassen], «aufwärts zu streben», *und das ist es, was wir wirklich wollen, aber immer wieder vergessen*, so daß wir «den ersten Plan wieder aufnehmen».

Alle große Literatur beschäftigt sich mit divergierenden Problemen. Eine solche Literatur – auch die Bibel – einfach ‹als Literatur› zu lesen, als wäre ihr Hauptzweck Dichtkunst, Phantasie, künstlerischer Ausdruck mit einem besonders geglückten Gebrauch von Wörtern und Bildern, heißt, das Erhabene auf die Ebene des Alltäglichen herabzuziehen.

III

Viele Menschen verlangen heute nach einer neuen moralischen Grundlage der Gesellschaft, einer neuen Grundlegung der Ethik. Wenn sie ‹neu› sagen, scheinen sie zu vergessen, daß sie es mit divergierenden Problemen zu tun haben, die nicht nach neuen Erfindungen verlangen, sondern nach der Entwicklung der höheren Fähigkeiten des Menschen und ihrer Anwendung. «Der steigt durch Schuld, der muß durch Tugend fallen», sagt Shakespeare in *Maß für Maß*, womit er meint, es genüge nicht zu beschließen, daß Tugend gut und Laster schlecht sei (was dennoch der Fall ist!); entscheidend ist, ob ein Mensch sich zu seinen höheren Fähigkeiten aufschwingt oder hinter sie zurückfällt. Im Normalfall gewinnt der Mensch durch Tugend; ist sie aber bloß äußerlich und ohne innere Kraft, macht sie lediglich selbstgefällig, und der Mensch entwickelt sich nicht. In ähnlicher Weise kann das, was nach gewöhnlichen Maßstäben Sünde

(Schuld) ist, den sehr wichtigen Entwicklungsprozeß in Gang setzen, wenn ihr Anstoß in einem Menschen die höheren Fähigkeiten weckt, die bis dahin geschlummert hatten. Um ein Beispiel aus den Überlieferungen des Ostens zu zitieren: «Wodurch Menschen fallen, dadurch steigen sie» sagt das *Kular nava Tantra.* Alle überlieferte Weisheit, für die Dante und Shakespeare herausragende Vertreter sind, geht über die gewöhnliche berechnende Logik hinaus und legt ‹das Gute› als das fest, was uns hilft, durch Entwicklung unserer höheren Fähigkeiten wahrhaft menschlich zu werden. Diese Fähigkeiten werden bedingt durch Selbstreflexivität, deren Bestandteil sie zugleich sind. Ohne sie gibt es kein Menschsein im Unterschied zum Tierreich, und die Frage nach ‹dem Guten› reduziert sich auf darwinsche Fragen von Anpassung, Überleben und Nützlichkeitsstreben in Richtung auf ‹das größte Glück für die größtmögliche Zahl›, wobei Glück selten mehr bedeutet als ein bequemes Leben und Vergnügen.

In Wirklichkeit nehmen die Menschen diese ‹Reduktionen› nicht hin. Selbst wenn sie wohlangepaßt mit einem großen Angebot an Bequemlichkeit und Vergnügen leben, fragen sie weiter – «was ist ‹gut›? Was ist ‹Gutsein›? Was ist ‹böse›? Was ist ‹Sünde›? Was muß ich tun, um mein Leben lebenswert zu machen?»

In der gesamten Philosophie herrscht bei keinem Gegenstand größere Verwirrung als bei der Ethik. Jeder, der wissen möchte, wie er sich verhalten soll, und sich an die Professoren der Ethik wendet, bekommt nichts als einen Schwall von ‹Ansichten›. Mit sehr wenigen Ausnahmen machen sie sich an die Untersuchung der Ethik, ohne zuvor den Daseinszweck des Menschen auf der Erde geklärt zu haben. Offensichtlich ist es unmöglich zu entscheiden, was gut oder schlecht ist, richtig oder falsch, tugendhaft oder böse, wenn man keine Vorstellung vom Zweck hat: gut wozu? und so weiter. Die Frage nach dem Zweck zu stellen, wurde ‹die naturalistische Täuschung› genannt – Tugend trägt ihren Lohn in sich selbst! Keiner der großen Lehrer der Menschheit hätte sich mit einer solchen Ausflucht zufriedengegeben. Wenn etwas gut genannt wird, mir aber niemand sagen kann, *wozu* es gut ist, wie kann man dann von mir erwarten, daß ich mich dafür interessiere? Wenn unser Leitfaden, unsere mit Anmerkungen versehene Karte des Lebens uns nicht zeigen kann, wo das Gute liegt und wie man dorthin gelangen kann, taugt sie nichts.

Wir wollen zusammenfassen. Die erste Große Wahrheit, von der wir gesprochen haben, ist der hierarchische Aufbau der Welt – mindestens vier große Seinsstufen, wobei auf dem Weg nach oben stets neue Kräfte dazukommen. Wir können deutlich erkennen, daß die Stufe des Menschen nahezu unbegrenzt entwicklungsfähig ist. Es gibt keine erkennbare Grenze dessen, was der Mensch tun kann – er scheint *capax universi* zu sein, wie man in der Antike zu sagen pflegte, und was *ein* Mensch fähig war zu tun, leuchtet von Stund an wie ein Licht in der Finsternis als Fähigkeit des Menschen schlechthin, selbst wenn kein zweiter je sich findet, der es erneut zu tun vermag. Der Mensch ist, selbst in vollentwickelter Reife, offensichtlich kein fertiges Wesen, wenn auch zweifellos einige ‹fertiger› sind als andere. Bei den meisten Menschen bleibt die spezifisch menschliche Fähigkeit zur Selbstreflexivität bis zum Ende ihres Lebens nur Anlage, so unterentwickelt, daß sie selten aktiv wird und dann nur für jeweils kurze Augenblicke. Genau das ist das ‹Talent›, das wir in Übereinstimmung mit überlieferter Lehre dreifach, ja sogar zehnfach entwickeln und an dem wir unter keinen Umständen sparen sollen.

Wir konnten nur ganz kurz auf die verschiedenen ‹Schritte› eingehen, die wir sehen, wenn wir die vier Seinsstufen betrachten, vom unbelebten Stoff hin zur sich selbst reflektierenden Person und weiter zur vollkommensten, integriertesten, aufgeklärtesten freien ‹Person›, die wir uns vorzustellen vermögen. Durch diese Extrapolationen ist uns nicht nur ein klares Verständnis dessen möglich, worum es unseren Vorfahren ging, wenn sie von Gott sprachen, sondern wir können auch die eine und einzige Entwicklungsrichtung erkennen, die unserem Leben auf Erden Sinn und Bedeutung zu geben vermöchte.

Die zweite Große Wahrheit ist die der *adaequatio* – daß alles in der Welt um uns einem Sinn, einer Fähigkeit oder Kraft in uns entsprechen muß; andernfalls sind wir uns ihrer Existenz nicht bewußt. Daher gibt es eine hierarchische Struktur von Gaben in uns, und es überrascht nicht, daß, je höher die Gabe ist, sie sich desto seltener in einer hochentwickelten Form zeigt und desto höher die Anforderungen sind, die ihre Entwicklung stellt. Um unsere Seinsstufe zur Entfaltung kommen zu lassen, müssen wir einen Lebensstil wählen, der solchem Streben förderlich ist. Das aber ist einer, der unserer niedrigeren Natur gerade so viel Aufmerksamkeit und Sorge zuwendet, wie sie braucht, und uns viel Zeit und Aufmerksamkeit zur Förderung unserer höheren Entwicklung läßt.

Ein zentraler Teil dieses Strebens ist die Pflege der vier Wissensbereiche. Wie gut wir verstehen, hängt entscheidend von der Unparteilichkeit, Objektivität und Sorgfalt ab, mit der wir lernen, uns selbst zu sehen – sowohl das, was in uns vorgeht (Bereich eins), als auch die Art, in der wir uns als objektive Erscheinungen in den Augen anderer zeigen (Bereich drei). Der Hauptinhalt aller herkömmlichen religiösen Lehren ist eine Anleitung dazu, wie man bei dieser zweifachen Selbsterkenntnis vorgehen soll. Gerade das aber hat zumindest während der letzten hundert Jahre im Westen fast vollständig gefehlt. Da liegt der Grund, warum wir einander nicht trauen können, warum die meisten Menschen in einem Zustand fortwährender Angst leben und warum trotz all unserer technischen Mittel die Verständigung immer schwieriger wird. So brauchen wir immer mehr organisierte *Wohlfahrt*, um mit ihrer Hilfe die klaffenden Lücken zu schließen, die das zunehmende Schwinden spontanen gesellschaftlichen Zusammenhalts gerissen hat. Die Heiligen des Christentums (und auch die anderen) kannten sich selbst so gut, daß sie ins Innere anderer Wesen zu ‹sehen› vermochten. Die Vorstellung, daß der heilige Franziskus sich mit Vögeln und anderen Tieren, ja sogar mit Blumen verständigen konnte, muß modernen Männern, die die Kenntnis ihrer selbst so sehr vernachlässigt haben, daß es ihnen bereits schwerfällt, sich mit ihren Ehefrauen zu verständigen, selbstverständlich unglaubwürdig erscheinen.

Die ‹Innenwelt› ist in Form von Wissensbereichen (Bereich eins und Bereich zwei) gesehen die Welt der Freiheit; die Außenwelt (Bereich drei und Bereich vier) ist die der Notwendigkeit. Alle unsere ernsthaften Probleme im Leben liegen gleichsam zwischen diesen beiden Polen von Freiheit und Notwendigkeit; es sind keine zur Lösung bestimmten divergierenden Probleme. Unser Eifer, Probleme zu lösen, entstammt unserem vollständigen Mangel an Selbstkenntnis, der zu der Art von Existenzangst geführt hat, für deren Ausdruck Kierkegaard eines der frühen und eindrucksvollsten Beispiele liefert. Durch den Eifer, Probleme lösen zu wollen, kam es dazu, daß die ganze intellektuelle Bemühung fast vollständig auf die Untersuchung *konvergierender* Probleme verwandt wurde. Man ist ungeheuer stolz darauf, daß man den unbegrenzten Geist freiwillig eingegrenzt und auf ‹die Kunst des Lösbaren› beschränkt hat. «Gute Wissenschaftler», sagt Peter B. Medawar, «nehmen normalerweise solche Probleme in Angriff, die sie für wichtig *und* für lösbar halten. Denn schließlich ist es ihre Aufgabe, Probleme zu lösen, und nicht bloß mit ihnen zu ringen.» Das ist soweit in Ordnung, zugleich zeigt es aber deutlich, daß ‹gute Wissenschaftler› in diesem Sinne sich nur mit dem toten Aspekt des Alls beschäftigen können. Mit den wirklichen Problemen des Lebens muß man *ringen.* Um ein Zitat Thomas von Aquins zu wiederholen:

«Und dennoch ist das Geringste, was man an Erkenntnis von den höheren Dingen haben kann, erstrebenswerter als die gewisseste Erkenntnis, die man von den geringsten Dingen hat.»

Mit Hilfe nur geringen Wissens von den höheren Dingen ‹zurechtzukommen›, das ist Leben, wohingegen die Lösung von Problemen – die konvergierende sein müssen, um lösbar zu sein – Probleme mit Hilfe der gewissesten Erkenntnis, die sich von geringeren Dingen erlangen läßt, lediglich eine der vielen nützlichen und durchaus ehrenwerten Beschäftigungen ist, die der Mensch sich ausgedacht hat, um Mühe und Arbeit zu sparen.

Während dem logisch vorgehenden Geist divergierende Probleme ein Greuel sind und er sich ihnen zu entziehen versucht, nehmen die höheren Fähigkeiten des Menschen die Herausforderungen des Lebens so hin, wie sie angeboten werden, klaglos. Sie wissen, daß dann – *gerade dann* – das Leben sinnvoll ist, wenn die Dinge am widersprüchlichsten, sinnlosesten, schwierigsten und enttäuschendsten sind: nämlich als Mechanismus, der uns dazu herausfordert und beinahe zwingt, uns auf höhere Seinsstufen hin zu entwickeln. Es ist eine Frage des Glaubens; wir müssen unsere eigene ‹Bedeutungsstufe› wählen. Unser gewöhnlicher Verstand versucht uns stets dazu zu überreden, wir seien nichts als Eicheln und unser größtes Glück liege darin, größere, dickere und glänzendere Eicheln zu werden. Für die aber interessieren sich nur Schweine. Unser Glaube vermittelt uns die Erkenntnis von etwas weit Besserem: daß wir Eichen werden können.

Was ist gut, und was ist schlecht? Was ist tugendhaft, und was ist böse? All das hängt von unserem Glauben ab. Wenn wir unsere Richtung von den vier Großen Wahrheiten bestimmen lassen, die in diesem Buch dargelegt werden, und wir den Verbindungen zwischen diesen vier Markierungen auf unserer ‹Karte› nachgehen, fällt es uns nicht schwer zu erkennen, was den wahren Fortschritt eines Menschen ausmacht:

– Als erstes muß er aus der Gesellschaft und der ‹Überlieferung› lernen und sein vorläufiges Glück darin sehen, daß er Anweisungen von außen empfängt.

– Als zweites muß er das Wissen verinnerlichen, das er erworben hat, muß es filtern, sortieren, das Gute behalten und das Schlechte über Bord werfen; ein Vorgang, den man ‹Individuation› nennen kann und der im Laufe der Zeit immer stärker selbstbestimmt wird.

– Als drittes bleibt ihm eine Aufgabe, die er nicht bewältigen kann, wenn er nicht die beiden ersten erfüllt hat. Auch braucht er für sie die allerbeste Hilfe, die er finden kann. Sie besteht darin, sich selbst, seine Vorlieben und Abneigungen, all seine aufs Ich bezogenen Vorurteile ‹abzutöten›. In dem Maße, in dem ihm das gelingt, wird er nicht mehr von außen und auch nicht mehr von sich selbst gesteuert. Er ist frei geworden, oder, könnte man sagen, er wird von Gott gelenkt. Ein Christ würde gern genau das von sich sagen können.

Wenn das die vor jedem Menschen liegende dreifache Aufgabe ist, können wir sagen, daß ‹gut› ist, was mir und anderen auf diesem Weg zur Befreiung hilft. Ich bin aufgefordert, ‹meinen Nächsten zu lieben wie mich selbst›, aber ich kann ihn erst dann lieben (außer sinnlich oder in sentimentaler Weise), wenn ich mich hinreichend geliebt habe, um den beschriebenen Entwicklungsgang anzutreten. Wie könnte ich ihn lieben und ihm helfen, solange ich mit dem Apostel Paulus sagen muß: «Denn ich weiß nicht, was ich tue; denn ich tue nicht, was ich will, sondern was ich hasse, das tue ich.» Um zur Liebe und Hilfe gegenüber meinem Nächsten ebenso wie mir selbst fähig zu werden, fordert man von mir, daß ich ‹Gott liebe›, das heißt, daß ich mit meinem Geist eifrig und geduldig zum Höchsten strebe, hin zu Seinsstufen oberhalb meiner eigenen: nur dort gibt es für mich ‹Gutsein›.

Epilog

Nachdem Dante (in der *Göttlichen Komödie*) ‹erwacht› war und sich in dem schrecklichen finstern Walde wiederfand, den er nie hatte betreten wollen, nützte seine gute Absicht, den Berg zu ersteigen, ihm nichts. Zuerst mußte er ins Inferno hinab, um die Wirklichkeit sündigen Seins richtig kennenzulernen. Heute werden Menschen, die das Inferno in den Dingen sehen, *wie sie* in der modernen Welt *wirklich sind*, regelmäßig als ‹Schwarzseher›, Pessimisten und dergleichen geschmäht. Dorothy Sayers, die zu den besten Kommentatoren Dantes und der modernen Gesellschaft gehört, sagt dazu:

«Jeder wird bereitwillig zugeben, daß das *Inferno* ein Bild der menschlichen Gesellschaft im Zustand von Sünde und Verderbnis ist. Und da wir heute recht gründlich davon überzeugt sind, daß die Gesellschaft sich in schlechtem Zustand befindet und sich nicht unbedingt zum Besseren hin entwickelt, fällt es uns recht leicht, die verschiedenen Stadien zu erkennen, über die man in die Tiefe der Verderbnis gelangt. Man empfindet alles als sinnlos; es mangelt an wirklichem Glauben; man gibt sich gelockerten Moralvorstellungen, der Konsumgier, finanzieller Verantwortungslosigkeit und unbeherrschten Gefühlsausbrüchen hin; man pflegt einen von sich selbst überzeugten und starrhalsigen Individualismus; es kommt zu Gewalttätigkeit, Sterilität und Mangel an Ehrfurcht gegenüber dem Leben und Eigentum, das eigene nicht ausgeschlossen; sexuelle Ausbeutung, die Entwürdigung der Sprache durch Reklame und politische Propaganda, die Vermarktung der Religion, Aberglaube, die Beeinflussung der Menschen durch Massenhysterie und ‹Zauber› aller Arten stehen in Blüte, im politischen Geschäft sind Bestechlichkeit und ‹Beziehungen› an der Tagesordnung, es herrscht Heuchelei, Unehrlichkeit im materiellen und intellektuellen Bereich, Uneinigkeit (Klassenkampf, Völkerkrieg) wird nach Kräften geschürt, alle Kommunikationsmittel werden zu Fälschung und Destruktion benutzt; die niedrigsten und dümmsten Antriebe der Massen werden ausgebeutet; der Verrat reicht bis hinab in die

Grundfesten der Familie, des Landes, des selbstgewählten Freundeskreises und der beschworenen Treue: das sind die nur zu gut erkennbaren Stadien, die zum kalten Tod der Gesellschaft und zur Vernichtung aller zivilisierten Beziehungen führen.»[1]

Was für eine Ansammlung von divergierenden Problemen! Dennoch verlangen die Menschen lauthals nach ‹Lösungen› und werden zornig, wenn man ihnen sagt, daß die Erneuerung der Gesellschaft von innen kommen muß und von außen nicht kommen kann. Der zitierte Absatz wurde vor einem Vierteljahrhundert geschrieben. Seither ist es immer weiter bergab gegangen, und die Beschreibung des *Inferno* klingt schon vertrauter.

Aber es sind auch Änderungen zum Besseren eingetreten: einige Menschen sind nicht mehr verärgert, wenn man ihnen sagt, daß die Erneuerung von innen kommen muß. Der Glaube, alles sei ‹Politik›, und radikale Neuordnungen des ‹Systems› genügten, um die Zivilisation zu retten, wird nicht mehr mit demselben Fanatismus vertreten wie vor fünfundzwanzig Jahren. Überall in der modernen Welt werden heute neue Lebensformen und bewußte Einfachheit ausprobiert. Die Überheblichkeit der materialistischen Wissenschaftsgläubigkeit nimmt ab, und bisweilen darf sogar in feiner Gesellschaft von Gott gesprochen werden. Es sei zugegeben, einige dieser Sinnesänderungen kommen nicht aus geistiger Einsicht, sondern aus materieller Furcht, die von der Umwelt- und Energiekrise, der drohenden Gefahr einer Ernährungskrise und den Anzeichen einer kommenden Gesundheitskrise geschürt wurde. Angesichts dieser – und vieler anderer – Bedrohungen wollen die meisten Menschen noch immer an die ‹Rettung durch die Technik› glauben. Wenn wir *Energie aus Kernverschmelzung* gewinnen könnten, sagen sie, wären unsere Energieprobleme gelöst; desgleichen wären die Ernährungsprobleme der Welt lösbar, wenn wir die Verfahren zur Umwandlung von Erdöl in verwertbares Eiweiß vervollkommneten; und die Entwicklung neuer Arzneimittel wird mit Bestimmtheit jegliche drohende Gesundheitskrise abwenden ... und so weiter.

Dennoch schwindet allmählich der Glaube an die Allmacht des modernen Menschen. Selbst wenn alle ‹neuen› Probleme mit Hilfe der Technik gelöst würden, bliebe der Zustand, daß die Menschen ihr Dasein als sinnlos betrachten, bliebe die Unordnung und die Korruption. Es gab diesen Zustand, bevor die Krisen der Gegenwart auftraten. Immer mehr Menschen fangen an, sich darüber klarzuwerden, daß das ‹moderne Experiment› gescheitert ist. Es bekam seine ersten Anstöße durch das, was ich die kartesianische Revolution genannt habe, die mit unerbittlicher Folgerichtigkeit den Menschen von jenen höheren Stufen löste, die allein seine Menschlichkeit erhalten können. Der Mensch hat sich selbst die Tore des Himmels verschlossen und mit ungeheurer Energie und Findigkeit versucht, sich auf die Erde zu beschränken. Nunmehr entdeckt er, daß die Erde lediglich ein vorübergehender Aufenthaltsort ist, so daß eine Weigerung, nach dem Himmel zu trachten, einen unfreiwilligen Abstieg zur Hölle bedeutet.

Ein Leben ohne Kirche ist zwar vorstellbar; doch ein Leben ohne Religion, das heißt ohne systematische Arbeit, die dazu führt, daß man mit höheren Stufen als der des ‹Alltagslebens› mit all seiner Freude und Qual, seinem Hochgefühl und seiner Befriedigung, Verfeinerung oder Ungeschliffenheit in Berührung bleibt und sich zu ihnen hin entwickelt – wie auch immer das aussehen mag, ist nicht möglich. *Das moderne Experiment eines Lebens ohne Religion ist fehlgeschlagen*, und wenn wir das begriffen haben, wissen wir, wie unsere ‹post-modernen› Aufgaben wirklich aussehen. Es ist bezeichnend, daß eine große Zahl jüngerer Menschen (unterschiedlichen Lebensalters!) in die richtige Richtung blicken. Sie spüren instinktiv, daß die immer erfolgreichere Lösung konvergierender Probleme in keiner Weise dem, der lernen will, hilft – ihm möglicherweise sogar hinderlich ist –, die divergierenden Probleme, den Stoff, aus dem das wirkliche Leben besteht, in den Griff zu bekommen, mit ihnen zu ‹ringen›.

Die Kunst des Lebens besteht stets darin, aus etwas Schlechtem etwas Gutes zu machen. Erst wenn wir *wissen*, daß wir tatsächlich in höllische Regionen hinabgestiegen sind, wo uns nichts erwartet als ‹der kalte Tod der Gesellschaft und die Vernichtung aller zivilisierten Beziehungen›, können wir den Mut und die Vorstellungskraft aufbringen, die für eine ‹Umkehr›, eine *metanoia*, erforderlich sind. Sie führt dann dazu, daß wir die Welt in einem neuen Licht sehen, nämlich als einen Ort, an dem die Dinge, über die der moderne Mensch ständig redet und die zu tun ihm stets mißlingt, tatsächlich getan werden können. Mit der Fülle dessen, was die Erde bietet, kann die ganze Menschheit ernährt werden; wir verstehen genug von Ökologie, um uns die Erde zu erhalten; es gibt genug Raum auf ihr und genug Material, so daß jeder ein Dach über dem Kopf finden kann; wir sind durchaus fähig, hinreichende Mengen an lebensnotwendigen Gütern herzustellen, so daß niemand im Elend leben muß. Vor allem werden wir dann sehen, daß das ökonomische Problem ein konvergierendes Problem ist, das bereits gelöst ist: wir wissen, wie wir genug heranschaffen können, und wir brauchen dazu keinerlei gewalttätige, unmenschliche und aggressive technische Verfahren. Es *gibt* kein ökonomisches Problem und hat in gewisser Hinsicht auch nie eines gegeben. Doch es gibt ein moralisches Problem – moralische Probleme aber sind nicht konvergierend, lassen sich nicht so lösen, daß zukünftige Generationen ohne Anstrengung leben können. Nein, bei ihnen handelt es sich um divergierende Probleme, die verstanden werden müssen und über die man hinausgelangen muß.

Können wir darauf bauen, daß eine ‹Umkehr› von genügend Menschen rasch genug vollzogen wird, um die moderne Welt zu retten? Diese Frage wird oft gestellt, aber welche Antwort darauf auch erteilt wird, sie wird in die Irre führen. Die Antwort ‹ja› würde zur Selbstzufriedenheit, die Antwort ‹nein› zur Verzweiflung führen. Es ist zu wünschen, daß wir dieses Durcheinander hinter uns lassen und uns an die Arbeit machen.

Anmerkungen

I. Der Aufbau des Lebens

Die Philosophen als Kartographen

1 Um genau zu sein, im August 1968, in der Woche des sowjetischen Einmarsches in die Tschechoslowakei.

2 Thomas von Aquin, Gott und seine Schöpfung. Mit einer Einleitung von Prof. Dr. Max Müller Herder-Bücherei Bd. 163, Freiburg/Breisgau 1963, S. 42

3 Maurice Nicoll, Psychological Commentaries. London 1952, Bd. 1

4 Viktor E. Frankl, Der Pluralismus der Wissenschaften und das Menschliche im Menschen, in: Arthur Koestler/J. R. Smythies (Hg.): Das neue Menschenbild. Die Revolutionierung der Wissenschaften vom Leben. Ein internationales Symposion. Wien, München, Zürich 1970, S. 376

5 Ebenda, S. 380, Anm. 2

6 Sigmund Freud, Das Unbehagen in der Kultur (Abschn. VIII), zitiert nach: Sigmund Freud, Abriß der Psychoanalyse. Das Unbehagen in der Kultur, Frankfurt 1974, S. 128

7 Viktor E. Frankl, a. a. O., S. 374–75, S. 376

8 Platon, Das Gastmahl (204 A). Übers. v. Franz Susemihl, in: Platon, Sämtliche Werke, Band 1, Heidelberg o. J.

9 Siehe F. S. C. Northrop, The Logic of the Sciences and Humanities, New York 1959

10 Evans-Wentz (Walter Yeeling), Yoga und Geheimlehren Tibets, München–Planegg 1937, S. 78

11 René Descartes, Regeln zur Ausrichtung der Erkenntniskraft. Übers. und hg. v. Lüder Gäbe, Philosophische Bibliothek, Band 262 b, Hamburg 1972 (Regel 2, 6. Abschnitt der Ausführungen), S. 8

12 Ebenda (Regel 2, Formulierung der Regel selbst), S. 5

13 René Descartes, Discours de la Méthode – Von der Methode des richtigen Vernunftgebrauchs und der wissenschaftlichen Forschung. Übers. u. hg. v. Lüder Gäbe, Philosophische Bibliothek, Band 261, Hamburg 1960, S. 65 (Vierter Teil: Fundamente der Metaphysik, Abschnitt 8)

14 Descartes, Regeln, a. a. O. (Regel 5), S. 16

15 Ebenda (Regel 7), S. 26

16 Descartes, Methode, a. a. O., S. 101

17 Jacques Maritain, The Dream of Descartes, London 1946

18 Ebenda

19 Descartes, Methode, S. 15

20 Kants gesammelte Schriften, hg. v. d. Königl. Preuß. Akademie der Wissensch. Erste Abtheilung: Werke, Zweiter Band (Vorkritische Schriften II) Berlin 1912, S. 286 («Untersuchung über die Deutlichkeit der Grundsätze der natürlichen Theologie und der Moral – Zweite Betrachtung»)
21 Etienne Gilson, The Unity of Philosophical Experience, London 1938
22 Ebenda
23 Blaise Pascal, Über die Religion und über einige andere Gegenstände (Pensées), übertragen und herausgegeben von Ewald Wasmuth, Heidelberg 1963, S. 92/93
24 Immanuel Kant: Grundlegung zur Metaphysik der Sitten. Hg. v. Karl Vorländer, Hamburg [3]1957 (Philos. Bibliothek Bd. 41) [Auszüge aus dem Zweiten Abschnitt], S. 38/39
25 Thomas von Aquin, Summa contra gentiles, Liber primus, Capitulum V, entnommen aus: Thomas v. Aquin, Summe gegen die Heiden, hg. u. übers. v. Karl Albert und Paulus Engelhardt unter Mitarbeit v. Leo Dümpelmann; Erster Band, Darmstadt 1964, S. 17 und 19
26 Des heiligen Thomas von Aquin Summa contra Gentiles oder Die Verteidigung der höchsten Wahrheiten. Aus dem Lat. ins Deutsche übers. u. mit Übersichten, Erläuterungen und Aristoteles-Texten versehen von Helmut Fahsel. Band III: Erste Hälfte des dritten Buches [Auszug aus Kapitel 63], Zürich 1946, S. 337, 338, 339

Stufen des Seins

1 Arthur O. Lovejoy, The Great Chain of Being, Cambridge, Massachusetts, S. VII
2 William Shakespeare, Hamlet II/2, (in der Schlegel-Tieckschen Übertragung)
3 Catherine Roberts, The Scientific Conscience, Fontwell, Sussex, 1974

Notwendigkeit und Freiheit (Autonomie)

1 Thomas von Aquin, Die Summe wider die Heiden, in vier Büchern, Das dritte Buch, erste Hälfte (deutsch von Hans Nachod und Paul Stern), Leipzig 1937, S. 80, 82
2 Maurice Nicoll, Living Time, London 1952, Kap. 1
3 Ebenda

Erkenntnisstufen und Seinsstufen

1 G. N. M. Tyrrell, Grades of Significance, London 1930
2 Richard L. Gregory, Auge und Gehirn. Zur Psychophysiologie des Sehens, München 1966, S. 11
3 Tyrrell, a. a. O.
4 Matthäus 13, 13
5 Matthäus 13, 15; Apostelgeschichte 28, 27
6 Offenbarung 3, 15, 16.
7 Etienne Gilson, The Christian Philosophy of Saint Augustine, London 1961
8 Ebenda
9 Jalal al-Din Rumi, Mathnawi, Gibb Memorial Series, London 1926–34, Bd. 4
10 John Smith the Platonis, Select Discourses, London 1821
11 Richard of Saint-Victor, Selected Writings on Contemplation, London 1957
12 Sutta-Nipāta. Früh-buddhistische Lehr-Dichtungen aus dem Pali-Kanon mit Auszügen aus den alten Kommentaren, übersetzt, eingeleitet und erläutert von Nyanaponika, Konstanz 1955, S. 181, – Teil IV (Achter-Buch), 9.: Māgandiya, Vers 837, Der Erhabene
13 Die Reden Gotamo Buddhos aus der mittleren Sammlung Majjhimanikāya des Pali-Kanons, 2 Bände, Leipzig 1900, S. 228 und 229
14 Maurice Nicoll, Living Time, London 1952, Kap X

Instrumentelles und verstehendes Wissen

1 Blaise Pascal, Gedanken, übertragen v. Wolfgang Rüttenauer, Bd. 7, Wiesbaden o. J., Nr. 89, S. 47 (Entspricht Nr. 277 der Brunschvicg-Zählung)
2 Sir Arthur Eddington, Philosophie der Naturwissenschaft, Bern 1949, S. 246
3 René Descartes, Die Prinzipien der Philosophie, übersetzt und erläutert von Artur Buchenau, Der philosophischen Bibliothek Bd. 28, fünfte Auflage, unveränderter Nachdruck 1955 der dritten Auflage von 1908
4 Ernst Lehrs: Mensch und Materie, Frankfurt 1953, S. 147

5 René Descartes, Prinzipien, a. a. O., S. 33/11
6 Etienne Gilson, The Christian Philosophy of Saint Augustine, London 1938
7 Etienne Gilson, The Unity of Philosophical Experience, London 1961
8 Ebenda
9 Abraham Maslow, The Psychology of Science, New York 1966, Kap. 4
10 William James, The Will to Believe, London 1899

III. Karte des Wissens

Selbstkenntnis und innere Erfahrung

1 Platon, Sämtliche Werke, Bd. 4 (Phaidros etc.) nach der Übersetzung von Friedrich Schleiermacher mit der Stephanus-Numerierung, hg. v. F. W. Otto, E. Grassi u. a. (Rowohlts Klassiker, Bd. 39), Hamburg 1958, S. 12
2 Whitall N. Perry; A Treasury of Traditional Wisdom, London 1971
3 Perry, Traditional Wisdom, a. a. O.
4 Plotins Schriften, Neubearbeitung mit griechischem Lesetext und Anmerkungen, Band I a usw., Hamburg 1956 (Philosoph. Bibliothek Band 211 a), S. 23 (= Enneaden I 6,9)
5 Perry, a. a. O.
6 Perry, a. a. O.
7 Perry, a. a. O.
8 Perry, a. a. O.
9 Laotse, Tao te king. Das Buch des Alten vom Sinn und Leben, aus dem Chinesischen übertragen und erläutert von Richard Wilhelm, Düsseldorf 1976, S. 73 (Spruch 33)
10 William Shakespeare, Maß für Maß III/2, V. 250, in der Schlegel-Tieckschen Übertragung; siehe dazu auch Beryl Pogson, In the East My Pleasure Lies, London 1950, sowie Martin Lings, Shakespeare in the Light of Sacred Art, London 1966
11 P. D. Ouspensky, The Psychology of Man's Possible Evolution, London 1951, 1. Vorlesung
12 Ebenda
13 Joseph Campbell, Der Heros in tausend Gestalten, Frankfurt 1953, S. 47

14 Ernest Wood, Grundriß der Yogalehre, Stuttgart 1961, S. 66
15 Ouspensky, a. a. O.
16 Nyanaponika Thera (Einführung), The Heart of Buddhist Meditation, a Handbook of Mental Training Based on the Buddha's Way of Mindfulness, London 1962. Teilweise enthalten in: Nyanaponika, Geistestraining durch Achtsamkeit. Die buddhistische Satthipathāna-Methode, Konstanz 1970, S. 11, 12
17 Ebenda, S. 26
18 Ebenda, S. 28
19 Ebenda, S. 30 (Übungsanweisung des Buddha an den Mönch Bāhiya)
20 Kontemplative Meditation. Die Wolke des Nichtwissens. Einführung und Anleitung, hg. v. P. Willi Massa SVD, Mainz 1974 (Topos-Taschenbücher, Bd 30), S. 58, 59
21 Reden Gotamo Buddhos, a. a. O. Sutta (d. i. Lehrrede, Lehrvortrag) Nr. 140 (3. Bd. 1902, S. 453) sowie Nr. 2 (1. Bd. 1896, S. 14)
22 Wolke des Nichtwissens, a. a. O. S. 63
23 Aufrichtige Erzählungen eines russischen Pilgers, herausgegeben und eingeleitet von Emmanuel Jungclaussen, Freiburg–Basel–Wien, [8]1978
24 Ebenda, S. 14 (zur ‹Philokalia›). Von der ‹Philokalia› gibt es folgende – unvollständige – deutsche Ausgabe: Kleine Philokalie. Belehrungen der Mönchsväter der Ostkirche über das Gebet. Ausgewählt und übersetzt von Matthias Dietz, eingel. v. Igor Smolitsch, Einsiedeln 1956
25 The Art of Prayer. An Orthodox Anthology. Compiled by Igumen Chariton of Valamo, translated by E. Kadloubovsky and E. M. Palmer, edited with an introduction by Timothy Ware, London 1960, S. 18. Die Formulierung auf S. 17 «standing before God with the mind in the heart» wird auf Theophan den Klausner zurückgeführt.
26 Ebenda, S. 94
27 Wilder Penfield, The Mystery of the Mind, Princeton 1975
28 Ebenda
29 ‹On The Prayer of Jesus›, from the Ascetic Essays of Bishop Ignatius Brianchaninov, London 1952. Die Zitate stammen aus der Einführung durch Alexander d'Agapeyeff.
30 W. T. Stace, Mysticism and Philosophy, Philadelphia–New York 1960, S. 5
31 Ebenda, S. 85/86
32 Ebenda, S. 86
33 Ebenda, S. 86
34 Ebenda, S. 86/87

Verstehen und Verständigung

1 Römer 7, 22
2 J. G. Bennett, The Crisis in Human Affairs, London 1948, Kap. 6
3 William James, Psychologie, mit Anmerkungen von Prof. Dr. E. Dürr, Leipzig 1909, S. 376
4 The Venerable Mahasi Sayadaw, The Progress of Insight through the Stages of Purification, Ceylon 1965, Kap. IV, S. 4
5 Johannes vom Kreuz, Empor den Karmelberg. Übertragen von Oda Schneider, Einsiedeln 1964. [Auszug aus Buch II, Kap. 11], aus den Abschnitten 1, 2 und 3, S. 97 und 98
6 Ernest Wood, Yoga, Harmondsworth 1959
7 W. Y. Evans-Wentz, ‹General Introduction› zu: Tibetan Yoga and Secret Doctrines, London 1935, Abschnitt 12
8 Ebenda, Abschnitt 11
9 Ernest Wood, Practical Yoga, Ancient and Modern, London 1951, Kap. 4
10 Alle Angaben zu Lorber nach «Das Große Evangelium Johannis» (Vom Vater des Lichts kundgegeben durch Jakob Lorber), Bietigheim ^{6}1967.
11 Siehe Bücher über Edgar Cayce von Hugh Lynn Cayce und Edgar Evans Cayce (seine Söhne), Thomas Sugrue, M. E. Penny Baker, Elsie Sechrist, W. und G. McGarey, Mary Ellen Carter, Doris Agee, Noel Langley, Harmon Hartzell Bro. (New York)
12 Doris Agee, Edgar Cayce on ESP (= Außersinnliche Erfahrungen), New York 1969, Kap. 2

‹Ich› und ‹Du›: die anderen als Spiegel meiner selbst

1 M. Nicoll, Psychological Commentaries on the Teaching of G. I. Gurdjieff and P. D. Ouspensky, London 1952–56, Bd. 1, S. 266
2 Ebenda, Bd. 4, S. 1599
3 Ebenda, Bd. 1, S. 267
4 Ebenda, Bd. 1, S. 259

Wissenschaft und Glaube

1 Arthur Livingston in seiner Vorbemerkung zu Vilfredo Pareto, The Mind and Society London 1935
2 Vilfredo Pareto, The Mind and Society, London 1935, Abschnitte 69/2; 99/100; 109/110

3 Ebenda
4 Ebenda
5 F. S. C. Northrop, The Logic of Sciences and the Humanities, New York 1959, Kap. 8
6 René Guénon, Le Symbolisme de la Croix, 3. Auflage Paris 1957, S. 30
7 ‹Nature, Philosophy of›, in: The New Encyclopaedia Britannica (1975), Bd. 12, S. 873
8 Ebenda
9 Karl Stern, The Flight from Woman, New York 1965, Kap. 5
10 René Descartes, Discours de la Méthode, Teil VI
11 Julian Huxley, Evolution, the Modern Synthesis, London 1942, Kap. 2, Absatz 7
12 ‹Evolution›, in: The New Encyclopaedia Britannica (1975), Bd. 7, S. 17 und 23
13 Ebenda
14 Ebenda
15 Ebenda
16 Stern, a. a. O., Kap. 12
17 ‹The Times› berichtete am 24. Januar 1977: «Mr. John Watson, Fachvorsitzender für Religionsunterricht an der Schule von Rickmansworth, den man dienstenthoben hatte, weil er statt der im Lehrplan vorgesehenen entwicklungsgeschichtlichen Sehweise der Schöpfung diese strikt nach der Schöpfungsgeschichte unterrichtet hatte, plant (gerichtliche Schritte) . . . Mr. Watson . . . war 16 Jahre lang als Missionar in Indien und ist Verfasser zweier Bücher, die sich mit der Schöpfungsvorstellung nach der Schöpfungsgeschichte beschäftigen.» Ein ‹umgekehrter Affenprozeß›, an dem man sehen kann, daß *alle* Glaubenslehren zur Unduldsamkeit neigen!
18 ‹Evolution›, a. a. O.
19 Douglas Dewar, The Transformist Illusion, Murfreesboro, Tennessee 1957
20 Martin Lings, in: Studies in Comparative Religion (vierteljährlich herausgegeben von Tomorrow Publications Ltd., Bedfont, Middlesex 1970), Bd. 4, Nr. 1, S. 59
21 Harold Saxton Burr, Blueprint for Immortality: the Electric Patterns of Life, London 1972
22 Ebenda
23 Ebenda

V. Die Krise der Moderne

Ein Leben ohne Religion?

1 René Guénon, Le Règne de la quantité et les signes des temps. 8. Auflage, Paris 1946
2 Siehe Paul Roubiczek, Existentialism For and Against, Cambridge 1964
3 Thomas von Aquin, Kommentar zu Matthäus 5, 2
4 Ananda K. Coomaraswamy, ‹Why Exhibit Works of Art?›, in: Christian and Oriental Philosophy of Art, New York 1956, S. 20
5 Dante Alighieri, Die Göttliche Komödie, übersetzt von Hermann Gmelin, [aus: Erster und Zweiter Gesang des Inferno, «Die Hölle»], Stuttgart 1949
6 Le opere di Dante, Testo critico della Società Dantesca Italiana a cura di M. Barbi, Firenze 1921, S. 440. (Aus einem – lateinisch geschriebenen – Brief Dantes, Ep. XIII, 39–40)
7 Peter B. Medawar, Die Kunst des Lösbaren, Göttingen 1972, S. 5

Epilog

1 Dorothy L. Sayers, Introductory Papers on Dante, London 1954, S. 114